Geologia e geomorfologia
a importância da gestão ambiental no uso do solo

O selo DIALÓGICA da Editora InterSaberes faz referência às publicações que privilegiam uma linguagem na qual o autor dialoga com o leitor por meio de recursos textuais e visuais, o que torna o conteúdo muito mais dinâmico. São livros que criam um ambiente de interação com o leitor – seu universo cultural, social e de elaboração de conhecimentos –, possibilitando um real processo de interlocução para que a comunicação se efetive.

Geologia e geomorfologia
a importância da gestão ambiental no uso do solo

Paulo Cesar Medeiros
Renata Adriana Garbossa Silva

Rua Clara Vendramin, 58 . Mossunguê . CEP 81200-170 . Curitiba . PR . Brasil
Fone: (41) 2106-4170 . www.editoraintersaberes.com . editora@editoraintersaberes.com.br

Conselho editorial
Dr. Ivo José Both (presidente)
Drª Elena Godoy
Dr. Nelson Luís Dias
Dr. Neri dos Santos
Dr. Ulf Gregor Baranow

Editora-chefe
Lindsay Azambuja

Gerente editorial
Ariadne Nunes Wenger

Analista editorial
Ariel Martins

Capa
Mayra Yoshizawa *(Design)*
Galyna Andrushko/Shutterstock (Imagens)

Projeto gráfico
Mayra Yoshizawa

Diagramação
LAB Prodigital

Iconografia
Regina Claudia Cruz Prestes

Dados Internacionais de Catalogação na Publicação (CIP)
(Câmara Brasileira do Livro, SP, Brasil)

1ª edição, 2017.

Foi feito o depósito legal.

Informamos que é de inteira responsabilidade dos autores a emissão de conceitos.

Nenhuma parte desta publicação poderá ser reproduzida por qualquer meio ou forma sem a prévia autorização da Editora InterSaberes.

A violação dos direitos autorais é crime estabelecido na Lei n. 9.610/1998 e punido pelo art. 184 do Código Penal.

Medeiros, Paulo Cesar
   Geologia e geomorfologia: a importância da gestão ambiental no uso do solo/Paulo Cesar Medeiros, Renata Adriana Garbossa Silva. Curitiba: InterSaberes, 2017.

   Bibliografia.
   ISBN 978-85-5972-402-8

   1. Geologia 2. Geomorfologia 3. Gestão ambiental 4. Meio ambiente 5. Solo - Uso I. Silva, Renata Adriana Garbossa. II. Título.

17-03958   CDD-551
                                                         CDD-551.41

Índices para catálogo sistemático:
  1. Geologia 551
  2. Geomorfologia 551.41

Sumário

Apresentação | 7
Como aproveitar ao máximo este livro | 11

1. **Gestão ambiental e relevo** | 15
    1.1 Geologia aplicada à gestão ambiental | 17
    1.2 Geomorfologia aplicada à gestão ambiental | 46
    1.3 Pedologia e estudo ambiental do solo | 57

2. **Propriedades e atributos dos solos** | 77
    2.1 Biologia do solo: ação dos macro, meso e micro-organismos | 79
    2.2 Principais atributos físicos do solo | 89
    2.3 Água no solo | 102
    2.4 Caracterização química do solo | 107

3. **Classificação brasileira de solos** | 127
    3.1 Breve histórico da classificação de solos | 129
    3.2 Sistema Brasileiro de Classificação de Solos (SiBCS) | 134
    3.3 Levantamentos pedológicos | 148

4. **Impactos ambientais no solo** | 173
    4.1 Erosão do solo, processo erosivo e suscetibilidade do solo à erosão | 175
    4.2 Poluição do solo | 197
    4.3 Impacto ambiental das atividades energéticas e mineradoras, agrícolas e industriais | 201
    4.4 Uso urbano do solo e impactos relacionados | 211

Para concluir... | 239
Referências | 241
Bibliografia comentada | 257
Respostas | 261
Anexos | 267
Sobre os autores | 283

Apresentação

Desde o surgimento do ser humano, o meio ambiente vem sendo constantemente modificado e alterado para atender às necessidades de sustentação do homem; porém, ao longo do processo civilizatório, a capacidade de intervenção ambiental se ampliou significativamente. Se analisarmos historicamente, podemos considerar que as primeiras populações humanas produziram mudanças ambientais de baixo impacto aos ecossistemas.

Contudo, com o aumento da produção de alimentos e bens de consumo tanto nas áreas rurais quanto nas áreas urbanas, ocorreu um aumento considerável de resíduos, causando impactos nunca antes verificados na história. O componente *solo*, por sua vez, é, se não o primeiro, um dos que mais sofrem com a urbanização e as atividades agrícolas cada vez mais presentes na sociedade contemporânea.

Por isso, nesta obra oferecemos ao leitor a oportunidade de entrar em contato com uma série de conceitos e temas relacionados ao solo, seus processos de formação e funcionamento – físicos, químicos e biológicos –, e indicamos a importância desse elemento para a gestão ambiental; tratamos também de outros temas contemporâneos de igual relevância.

Para atingir os objetivos propostos, dividimos esta obra em quatro capítulos. No Capítulo 1, apresentamos o processo de formação dos solos, os materiais que os originam, os processos e fatores que os formam, bem como suas características morfológicas e horizontes. Exploramos, ainda, conceitos relativos à mineralogia do solo e versamos sobre a importância da matéria orgânica presente nos solos como elemento fundamental da produtividade agrícola.

No Capítulo 2, tratamos dos fatores biológicos associados aos solos, com foco na ação dos macro e micro-organismos envolvidos nesse processo, assim como indicamos a importância desses seres para o processo de formação e produção agrícola. Ainda nesse capítulo, discorremos sobre os atributos físicos do solo e explicitamos como tais atributos influenciam no processo produtivo nas áreas urbanas e rurais. Por fim, explicamos como ocorre o ciclo hidrológico e sua relação com os atributos químicos e físicos que os solos apresentam.

No Capítulo 3, expomos como ocorreu a formação dos solos do ponto de vista cronológico, passando por temas como o intemperismo físico e químico e também a ação biológica sobre os depósitos rochosos. Para entender tal processo, é fundamental abordarmos como é realizada a padronização ou classificação internacional e também a classificação brasileira dos solos. Após tratar da classificação, comentamos os procedimentos para o levantamento de campo, a análise e a classificação de solos, tendo em vista a reflexão sobre suas aplicabilidades no estudo ambiental.

Para finalizar, no Capítulo 4, mostramos os processos erosivos naturais que ocorrem no solo, além de apresentar os impactos provocados pela ação humana. Então, concluimos que o solo, mesmo sendo um dos importantes componentes ambientais e tendo como função sustentar diversas formas de vida, vem sofrendo com o uso e a ocupação desordenada de áreas agrícolas e urbanas e que a erosão tem consequências de diversas ordens nos ambientes naturais. Neste capítulo, discorremos ainda sobre a poluição das atividades agrícolas e industriais, com o objetivo de propor soluções para os ambientes degradados. Apresentamos o uso urbano do solo e os principais efeitos relacionados a ele. De forma objetiva, discorremos sobre a temática do aquecimento global, as principais fontes de emissão e as ações internacionais que foram ou estão sendo tomadas, com o objetivo de propor ferramentas no processo de gestão que minimizem os impactos gerados pela ação antrópica e auxiliem no processo de recuperação do solo.

Estima-se que, atualmente, mais de 80% da população mundial vive em áreas urbanas e, assim, especialistas das mais diversas áreas do conhecimento buscam entender os danos ambientais relacionados a esse fator, não somente no sentido de fazer diagnósticos, mas também de conseguir apresentar prognósticos, impedindo ou evitando futuros prejuízos de ordem financeira, humana e ambiental. No meio rural, embora com um percentual menor de população, os danos ambientais também são preocupantes, principalmente os relacionados ao solo.

Portanto, dirigimos este livro a todos aqueles que desejam conhecer, com uma linguagem simples, precisa e atual, a geologia e geomorfologia na gestão urbana, levando em consideração as variáveis do meio físico e os muitos tipos de manejo dos espaços rural e urbano.

Boa leitura!

Como aproveitar ao máximo este livro

Este livro traz alguns recursos que visam enriquecer o seu aprendizado, facilitar a compreensão dos conteúdos e tornar a leitura mais dinâmica. São ferramentas projetadas de acordo com a natureza dos temas que vamos examinar. Veja a seguir como esses recursos se encontram distribuídos na obra.

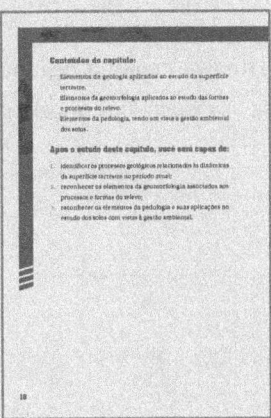

Conteúdos do capítulo:
Logo na abertura do capítulo, você fica conhecendo os conteúdos que nele serão abordados.

Após o estudo deste capítulo, você será capaz de:
Você também é informado a respeito das competências que irá desenvolver e dos conhecimentos que irá adquirir com o estudo do capítulo.

Para saber mais

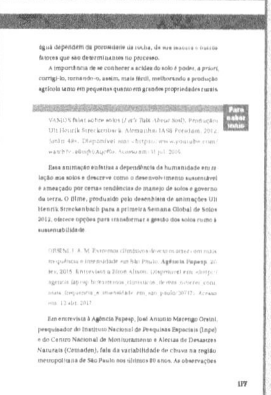

Você pode consultar as obras indicadas nesta seção para aprofundar sua aprendizagem.

Síntese

Você dispõe, ao final do capítulo, de uma síntese que traz os principais conceitos nele abordados.

Questões para revisão

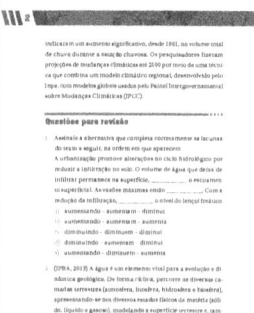

Com estas atividades, você tem a possibilidade de rever os principais conceitos analisados. Ao final do livro, os autores disponibilizam as respostas às questões, a fim de que você possa verificar como está sua aprendizagem.

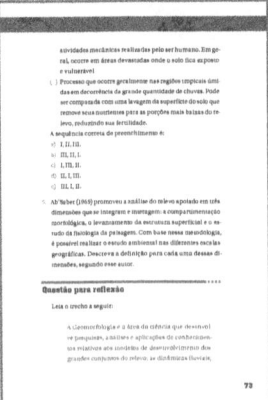

Questões para reflexão
Nesta seção, a proposta é levá-lo a refletir criticamente sobre alguns assuntos e trocar ideias e experiências com seus pares.

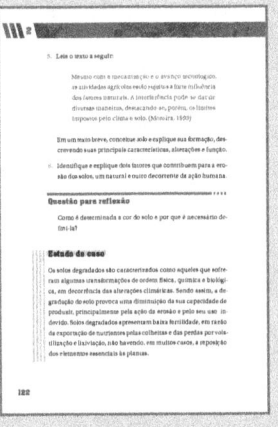

Estudo de caso
Esta seção traz ao seu conhecimento situações que vão aproximar os conteúdos estudados de sua prática profissional.

Bibliografia comentada
Nesta seção, você encontra comentários acerca de algumas obras de referência para o estudo dos temas examinados.

I

Gestão ambiental e relevo

Conteúdos do capítulo:

» Elementos da geologia aplicados ao estudo da superfície terrestre.
» Elementos da geomorfologia aplicados ao estudo das formas e processos do relevo.
» Elementos da pedologia, tendo em vista a gestão ambiental dos solos.

Após o estudo deste capítulo, você será capaz de:

1. identificar os processos geológicos relacionados às dinâmicas da superfície terrestre no período atual;
2. reconhecer os elementos da geomorfologia associados aos processos e formas do relevo;
3. reconhecer os elementos da pedologia e suas aplicações no estudo dos solos com vistas à gestão ambiental.

Neste primeiro capítulo, apresentaremos os fundamentos e métodos da geologia e da geomorfologia aplicados à gestão ambiental. Essas duas áreas permitem uma visão integradora do ambiente. Explicaremos como as formas e os processos do relevo revelam as condições naturais em que se formam os depósitos de sedimentos que dão origem aos solos, componentes fundamentais dos sistemas naturais, pois é neles que ocorrem os processos químicos, físicos e biológicos também denominados *pedológicos*, os quais são fundamentais para a manutenção dos ecossistemas terrestres. O solo agricultável é um componente vital, um recurso finito, limitado e não renovável. Disso, resulta a necessidade de conhecer seus processos naturais e as formas de usos humanos, tendo em vista aprimorar as práticas de gestão ambiental.

1.1 Geologia aplicada à gestão ambiental

A preocupação com o aprimoramento da gestão do meio ambiente é cada vez maior e exige dos pesquisadores e planejadores domínio sobre a estrutura e o funcionamento dos sistemas terrestres e suas formas de integração. Disso resulta que, para a análise ambiental, é necessário conhecer as dinâmicas, ou fatores **endógenos** e **exógenos** que são as forças condicionantes para a formação do relevo e a transformação das camadas superiores do solo. Daí a importância da geologia e da geomorfologia que, somadas à biogeografia e à hidrogeografia, permitem o estudo ambiental local, regional ou global.

Assim, assume importância o conhecimento das dinâmicas da crosta terrestre, particularmente na camada em que ocorrem as atividades biológicas, denominada *manto de intemperismo* ou *regolito*, que se estende da rocha fresca, na base, até a superfície, conforme mostra a Figura 1.1:

Figura 1.1 – Modelo de coluna geológica

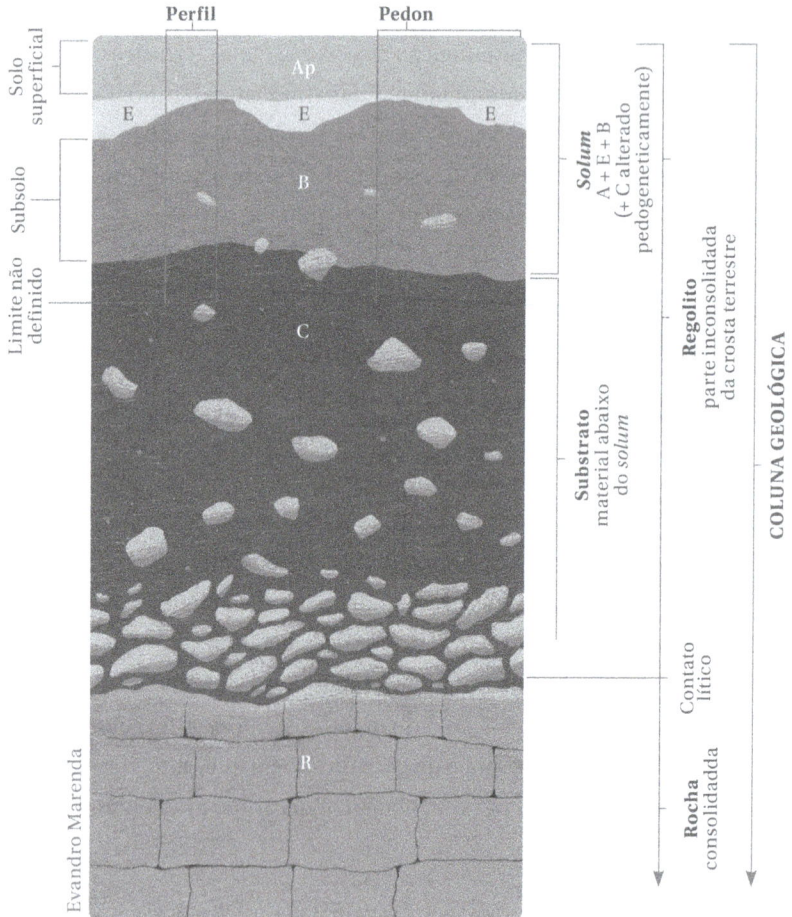

Segundo Porto (2000, p. 25), essa camada é "uma fina película representando um contato transicional entre a litosfera e a atmosfera". O regolito é formado por todo o material inconsolidado que recobre o substrato rochoso inalterado. Esse material apresenta propriedades físicas, químicas e mineralógicas que se alteram progressivamente, das camadas mais profundas para as superiores, até atingir o solo.

Nesse contexto, a geologia assume um papel de suporte na análise ambiental, ao revelar a base mineralógica da área pesquisada. A nomenclatura dessa ciência se origina dos termos gregos: γη (*geos*-: "terra") e λογος (*logos*: "razão, estudo"). Por definição, é a ciência que estuda a crosta terrestre, os materiais que a compõem, sua estrutura, suas propriedades físicas e químicas, sua história e os processos que lhe dão forma. O estudo geológico aplica métodos e técnicas da química, da física e da matemática, entre outras. Portanto, é base para a explicação dos **processos naturais** que dão origem aos **modelados terrestres** e às **dinâmicas do relevo**, propiciando as condições para a definição de ações e o planejamento da gestão ambiental.

1.1.1 Dinâmicas da crosta terrestre

Segundo os estudos geológicos atuais, o planeta Terra tem cerca de 4,6 bilhões de anos e sua crosta é formada por placas tectônicas que, em conjunto com o manto superior, formam a litosfera. A litosfera é rígida e está disposta sobre o manto, que tem comportamento plástico em razão da composição química e da fusão causada pelas altas temperaturas dessa camada. Nas áreas limites, ocorrem processos tectônicos, vulcânicos e sísmicos, que produzem deformação na crosta. Observe o esquema geral a seguir.

Figura I.2 – Perfil das camadas rochosas da Terra

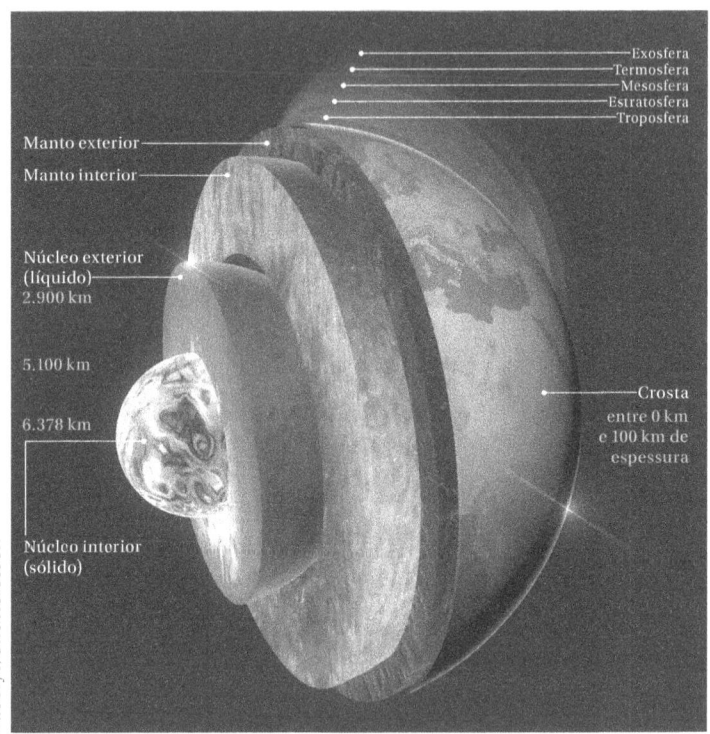

O estudo das camadas da estrutura interna da Terra enfrenta dificuldades, em razão da limitação tecnológica – os estudos mais profundos até hoje realizados chegaram a 12 km de profundidade, como exemplo das minas de diamantes da África do Sul. Os furos de sondagens para estudos geológicos já atingem os 10 km, como exemplo os do Tiber, que foi feito pela petroleira British Petroleum em consórcio com a Petrobras e atingiu 10.685 m de profundidade, bem mais do que se espera furar no pré-sal brasileiro, que será em torno de 7 km.

Figura I.3 – Pré-sal brasileiro nas Bacias de Campos e Santos

Segundo uma das primeiras teorias geológicas, denominada *deriva continental*, formulada pelo alemão Alfred Wegener na segunda década do século XX, há mais de 200 milhões de anos os continentes América, Oceania, Ásia, Europa, África e Antártida compunham um único e imenso continente, a Pangeia (termo grego, que significa "todas as terras"). Isso explica, por exemplo, por que os contornos da costa leste da América e oeste da África parecem se encaixar perfeitamente.

Figura 1.4 – Teoria da deriva continental

Antes

Depois

robin2/Shutterstock

Na década de 1960, essa teoria foi reformulada e incorporada a outra, mais abrangente: a *tectônica de placas*, que explicou como a litosfera está composta por, ou dividida em, pelo menos 13 placas rochosas que se movem constantemente.

Observe a distribuição das placas na figura a seguir.

Mapa 1.1 – Placas tectônicas e continentes

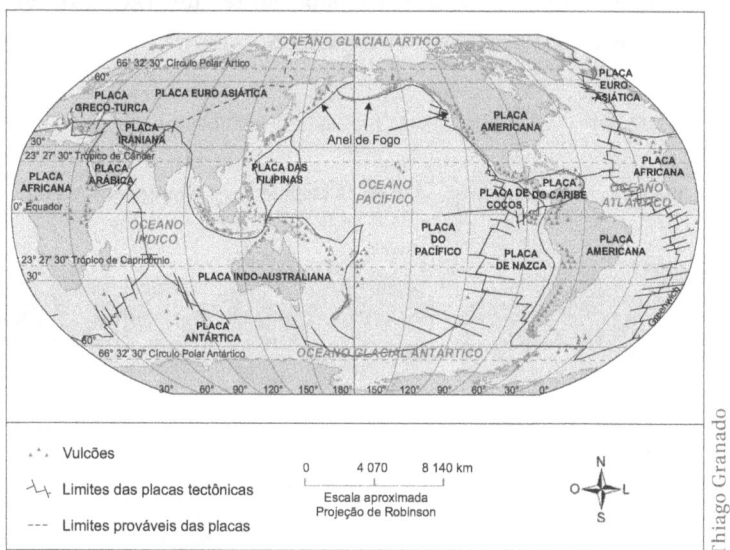

Essas placas, chamadas de *tectônicas*, flutuam sobre um material líquido e muito quente denominado *magma*. Esse movimento explica a origem das montanhas, os terremotos e o vulcanismo que decorrem das relações entre crosta e manto.

Algumas placas são exclusivamente formadas por crosta oceânica ou estão integralmente submersas, como as placas do Pacífico e de Nazca. A maior parte apresenta crosta oceânica e continental, como as placas Norte-Americana, Sul-Americana e Africana.

O movimento das placas apresenta velocidades diferentes, variando de 1 cm a 10 cm ao ano. Por exemplo, no Oceano Atlântico, a placa Euro-Asiática afasta-se da placa Norte-Americana à velocidade média de 2,5 cm por ano ou 25 km a cada milhão de anos.

As placas podem apresentar tipos diferenciados de encontro ou limite, os quais podem ser **transformantes**, **divergentes** e **convergentes**, conforme ilustra a Figura 1.5.

Figura 1.5 – Movimentos de placas tectônicas

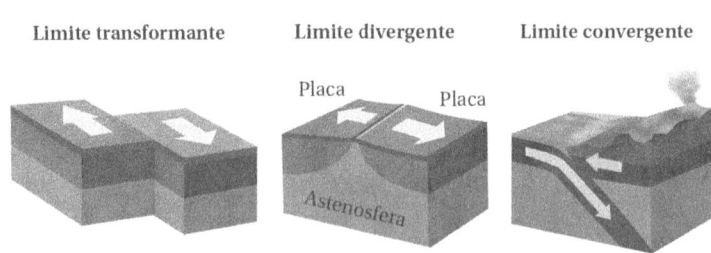

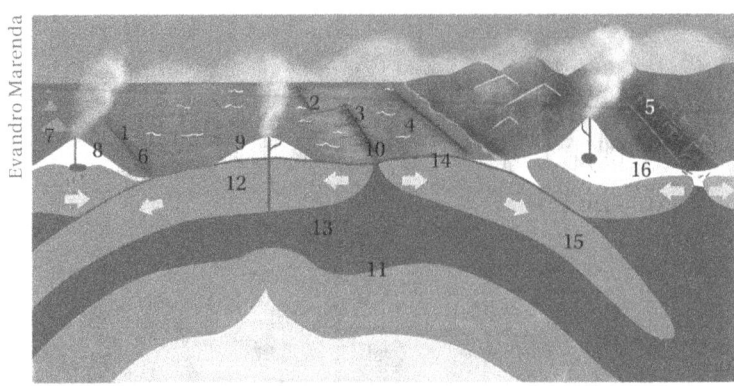

1. Borda da placa convergente
2. Borda da placa transformante
3. Borda da placa divergente
4. Borda da placa convergente
5. Zona de rifte continental
6. Trincheira
7. Arco de ilha
8. Estratovulcão
9. Vulcão escudo
10. Cume oceânico em expansão
11. "Local quente"
12. Litosfera
13. Astenosfera
14. Crosta oceânica
15. Placa de subducção
16. Crosta continental

- **Limites transformantes ou conservativos** – Ocorrem quando as placas deslizam horizontalmente uma pela outra e não há criação nem consumo de crosta oceânica. As falhas que constituem esse limite chamam-se *transformantes*. O exemplo mais conhecido desse tipo de fronteira é o da Califórnia.
- **Limites divergentes ou construtivos** – Ocorrem quando as placas se afastam uma da outra e é criada nova crosta oceânica. O exemplo mais conhecido de um limite divergente de placas é a Dorsal Mesoatlântica.
- **Limites convergentes ou destrutivos** – Ocorrem quando uma placa é empurrada contra outra, fazendo uma delas se deslocar para o interior da Terra. A colisão entre placas continentais pode dar origem a cordilheira de montanhas, como é o caso dos Himalaias; entre duas placas oceânicas, surge um arco insular; e entre uma placa oceânica e uma placa continental, forma-se um arco vulcânico. Exemplos dessa ocorrência são o Japão e a costa oeste da América do Sul.

1.1.2 Minerais

Além do conhecimento referente à idade das rochas, a geologia também contribui com a explicação de sua composição mineralógica. Os minerais são compostos naturais que apresentam uma estrutura química bem definida, formada por processos geológicos de longa e média duração; são a estrutura básica das rochas. As principais formas de utilização dos minerais são a extração de metais e outros elementos com vantagem econômica como ouro, cobre e diamante.

Observe os exemplos a seguir:

Figura 1.6 – Calcita

Figura 1.7 – Fluorita

Mineral composto de carbonato de cálcio – $CaCO_3$. Usado na fabricação de cimentos e cal.

Mineral composto por fluoreto de cálcio CaF_2. Utilizado na indústria química, na siderurgia e na fabricação de vidros.

Figura 1.8 – Areia

Sedimento clástico, não consolidado, composto essencialmente de grãos de quartzo de tamanho entre 0,06 a 2 mm.

1.1.3 Rochas

As rochas, por sua vez, são aglomerados sólidos de pequeno, médio ou grande porte, formados por mais de um mineral. De acordo com as condições geológicas, as rochas contribuem para a formação dos solos e a modelagem das formas de relevo, bem como definem os processos e formas específicas na constituição de planaltos, planícies, montanhas e depressões.

A seguir expomos alguns exemplos de rochas:

Figura 1.9 – Arenito

O arenito é uma rocha sedimentar clástica com partículas do tamanho de grãos de areia, com 0,62 a 2 mm de diâmetro.

Figura 1.10 – Calcário

O calcário tem como constituinte importante o carbonato calcítico ou dolomítico.

Figura 1.11 – Carvão

O carvão é uma rocha sedimentar organógena escura composta por carvão mineral.

De acordo com a natureza das rochas, podemos classificá-las em *metamórficas*, *sedimentares* ou *magmáticas*; e, conforme a ordem de formação, em *primárias* ou *secundárias*. As camadas rochosas em exposição e interação com a atmosfera e biosfera sofrem intemperismo e se transformam, gerando um ciclo das rochas; como resultado, as rochas passam de um tipo a outro. Essa cadeia de processos de formação de rochas existe desde os primórdios da história geológica da Terra e, com ela, a crosta do planeta está em constante transformação e evolução, conforme o ciclo ilustrado na Figura 1.12.

Figura 1.12 – Ciclo das rochas

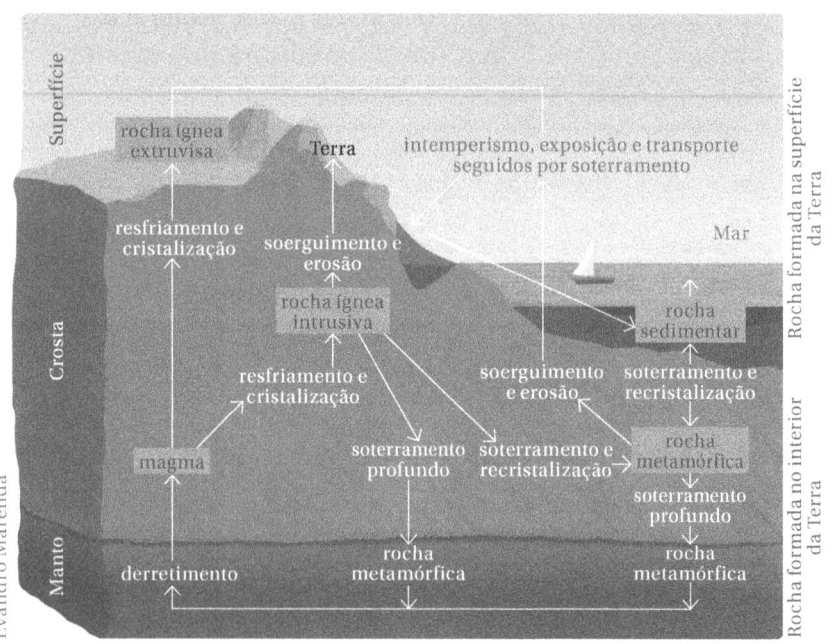

Na sequência, apresentamos os tipos de rochas existentes.

1.1.3.1 Rochas magmáticas

As rochas magmáticas são rochas primárias que se formam após o resfriamento e solidificação do magma. Também são conhecidas por *ígneas*, nome que deriva do termo latino *ignis*, que significa "fogo". Ao atingir a superfície, o magma, ainda em estado de fusão, pode extravasar pelos vulcões, passando então a se chamar *lava*. Observe a estrutura básica de um vulcão na figura a seguir.

Figura 1.13 – Esquema básico de um vulcão

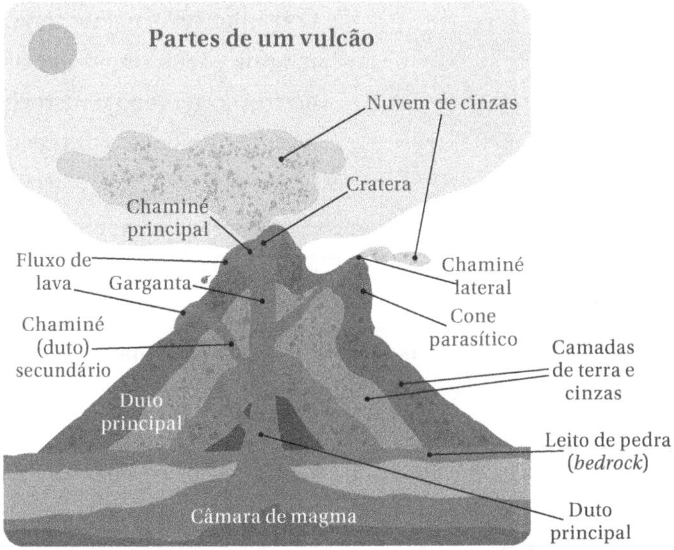

Partes de um vulcão
- Nuvem de cinzas
- Cratera
- Chaminé principal
- Fluxo de lava
- Garganta
- Chaminé lateral
- Cone parasítico
- Chaminé (duto) secundário
- Camadas de terra e cinzas
- Duto principal
- Leito de pedra (*bedrock*)
- Câmara de magma
- Duto principal

Jakinnnboaz/Shutterstock

O resfriamento do magma ocorre pelo choque com a camada mais externa e as temperaturas mais baixas dos oceanos ou da atmosfera, formando aglomerados de minerais visíveis (ou não) a olho nu. De acordo com a posição e o ponto de resfriamento, podemos classificar as rochas magmáticas em:

» **Intrusivas** – formadas pela solidificação no interior da terra, como o granito (Figura 1.14).

Figura 1.14 – Granito

O granito se forma quando o magma se resfria no interior da crosta, gerando uma rocha de cristais médios a grandes e heterogêneos.

» **Extrusivas** – formadas pela solidificação na superfície física da Terra, como o basalto (Figura 1.15).

Figura 1.15 – Basalto

O basalto é uma rocha vulcânica escura, de grão fino, composta essencialmente por plagioclásio básico (An > 50%) e piroxênio. Forma-se por alta fusão do magma.

A identificação dos diferentes tipos de rochas magmáticas depende de sua composição, seu ponto de fusão e sua posição na crosta. Conforme cada processo, recebem uma denominação, conforme exposto no quadro a seguir.

Quadro 1.1 - Classificação das rochas magmáticas

Tipo rochoso	Ponto de fusão	Composição	Posição
Vulcânica, efusiva ou extrusiva	Após ser expelido por uma erupção vulcânica atual ou antiga, o magma resfria rapidamente.	As estruturas refletem as principais características da consolidação das lavas, dadas por rápido resfriamento, escape de gases e movimentação.	Na superfície da crosta ou próximo a ela.
Plutônica, abissal ou intrusiva	Surge após o arrefecimento do magma no interior da crosta, originando a cristalização de todos os seus minerais.	Textura holocristalina, ou seja, apresenta grande número de cristais visíveis e estrutura maciça. Sua estrutura mais corrente é granular.	Nas partes profundas da litosfera, sem contato com a superfície.
Hipoabissal ou filoniana	Surge do resfriamento do magma em fissuras e fraturas da crosta.	Preenche as fissuras da crosta terrestre em relação direta com o magma e rochas intrusivas.	Forma-se em pouca profundidade na crosta, sem atingir a superfície.

Do ponto de vista da composição química das rochas magmáticas, é importante mencionarmos o silício, segundo elemento químico mais abundante na crosta terrestre depois do oxigênio. O alto teor de silício produz o *dióxido de silício*, ou *sílica*, que é o quartzo. Nas rochas ígneas, a composição e o teor de silício indicam os minerais que podem ser encontrados. Podemos classificar as rochas ígneas sob o ponto de vista químico em:

Ácidas – Mais de 66% de sílica. Ex.: granito e riolito.

Intermediárias – Entre 52% e 66% de sílica. Ex.: sienito e diorito.

Figura 1.16 – Riolito

Figura 1.17 – Sienito

Básicas – Entre 45% e 52% de sílica. Ex.: gabro e basalto.

Ultrabásicas – Menos de 45% de sílica. Ex.: peridotito.

Figura 1.18 – Gabro

Figura 1.19 – Peridotito

Os minerais mais comuns nas rochas ígneas são todos do grupo dos silicatos: feldspatos, feldspatoides, quartzos, olivinas, piroxênios, anfibólios e micas. A coloração varia conforme a acidez: as rochas ácidas são mais claras, ou leucocráticas, e as ultrabásicas tendem a ser mais escuras, ou melanocráticas. Ainda existem as mesocráticas ou intermediárias, com presença de minerais claros e escuros. Em geral, as rochas ígneas são maciças, têm alta resistência mecânica e apresentam cristais bem formados. Por isso, são procuradas para ornamentação em construções.

I.1.3.2 Rochas sedimentares

As rochas sedimentares são rochas secundárias que ocorrem na superfície da crosta terrestre e resultam da desagregação de rochas pré-existentes. Qualquer rocha (magmática, metamórfica ou sedimentar) sofre diferentes processos de intemperismo que dão origem a diversos tipos de sedimentos. Estes, por sua vez, são transportados e depositados, formando uma nova rocha composta de detritos, a qual, por ser composta de diversos minerais, apresenta alta porosidade e permeabilidade, porém tem baixa resistência mecânica.

Denomina-se *diagênese* o conjunto de transformações que um depósito sedimentar sofre durante e após o processo de deposição, consistindo em mudanças nas condições de pressão, temperatura, acidez e pressão de água, ocorrendo dissoluções e precipitações a partir das soluções aquosas existentes nos poros. O processo termina na transformação do depósito sedimentar inconsolidado em rocha, a chamada *litificação*.

Um exemplo muito conhecido de rochas sedimentares é o Grand Canyon (Colorado, EUA). No Brasil, tais rochas podem ser vistas e visitadas no Parque Estadual de Vila Velha (PR), na Chapada Diamantina (BA) e na Gruta de Maquiné (MG).

Conforme a natureza dos sedimentos, as rochas sedimentares podem ser classificadas como detríticas e não detríticas.

» **Detríticas ou clásticas** – Formadas pela deposição de fragmentos de outras rochas (ígneas, metamórficas ou mesmo sedimentares). Esses fragmentos, principalmente quartzo e silicatos, constituem os sedimentos e surgem por efeito de erosão[i], transporte[ii] e deposição de sedimentos ou partículas[iii].

» **Não detríticas** – Surgem pela precipitação química de sais (ex.: calcário, evaporito) ou pela acumulação de restos orgânicos de animais e plantas (ex.: guano, carvão).

Figura I.20 – Esquema básico de rocha sedimentar

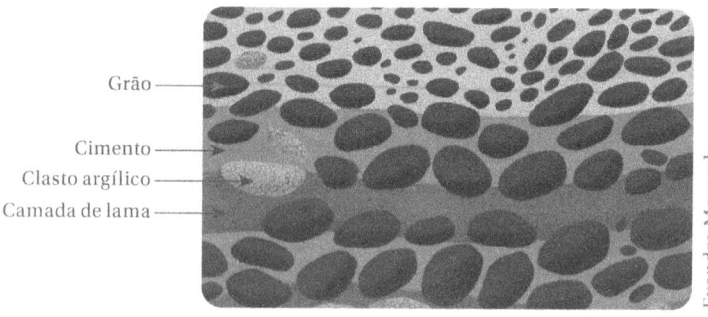

Grão
Cimento
Clasto argílico
Camada de lama

Evandro Marenda

A alta porosidade das rochas sedimentares permite armazenadores de água nos poros e canais que se interconectam, constituindo

---

i. "Desgaste do solo ocasionado por diversos fatores, tais como água corrente, geleiras, ventos, ondas e vagas. No sentido lato, é o efeito combinado de todos os processos degradacionais terrestres, incluindo intemperismo, transporte, ação mecânica e química da água corrente, vento, gelo etc. Distingue-se, conforme o caso, em: erosão eólica, erosão fluvial, erosão glacial, erosão marinha etc." (Paraná, 2016b).

ii. Transporte de sedimentos pelo vento, água, deslocamento de massa e ação da gravidade (Paraná, 2016b).

iii. "Processo de acumulação ou concentração de partículas sólidas através de meio aquoso ou aéreo. Inicia-se quando: a força do agente transportador natural (água ou vento) é sobrepujada pela força da gravidade; por supersaturação de partículas nas águas ou no ar; ou por atividade de organismos" (Paraná, 2016b).

aquíferos e depósitos subterrâneos. Também conserva fósseis que revelam seres vivos do passado. Nos depósitos sedimentares, encontramos as jazidas de importantes minerais que utilizamos na atualidade, como o petróleo, o gás e o carvão mineral.

1.1.3.3 Rochas metamórficas

As rochas metamórficas resultam de uma combinação de fatores, como pressão e temperatura. Podem ser originadas de rochas sedimentares (parametamórfica), magmáticas (ortometamórfica) ou até mesmo de outras rochas metamórficas.

Essas rochas sofrem *metamorfismo*, ou melhor, reorganização de cristais no estado sólido, sem fusão. Isso ocorre com a mudança nas condições de pressão e temperatura e provoca deformações físicas. Uma característica típica das rochas metamórficas é a foliação ou xistosidade, que mostra uma estrutura paralela, mais ou menos plana, na rocha. Um exemplo é a ardósia, que fornece lâminas uniformes para corte e aplicação em calçamentos.

Figura 1.21 - Extração, corte e rejeitos de ardósia

O calcário é um bom exemplo, pois quando submetido a pressão e temperatura mais elevadas transforma-se em mármore. O arenito transforma-se em quartzito. Um folhelho (rocha sedimentar argilosa) transforma-se em ardósia.

A transformação da forma, conhecida como *metamorfismo*, ocorre sobre distintos aspectos, a saber:

» **Metamorfismo de contato** – Ação do magma sobre as rochas vizinhas, que ocorre principalmente nas proximidades de rochas plutônicas ácidas.
» **Metamorfismo regional** – Grandes massas de rocha enterradas são submetidas a determinadas condições de pressão e temperatura, a qual pode ultrapassar 800 °C, e começam a se fundir, produzindo magma que se resfria posteriormente.
» **Metamorfismo dinâmico (ou cinemático)** – Intenso deslocamento de sedimentos em zonas de deformação estreitas, que alteram sua estrutura rochosa.
» **Metamorfismo de impacto** – Fusão decorrente do impacto de meteorito.

Entre as mais conhecidas rochas metamórficas, destacamos as seguintes:

» **Ardósias** – São formadas por metamorfismo regional de rochas sedimentares clásticas finas (argilitos e siltitos).
» **Filitos** – Têm a mesma origem das ardósias, mas com granulação maior, às vezes com faixas incipientes; apresentam brilho sedoso.
» **Xistos** – São acentuadamente folheados, com grãos que permitem fácil identificação dos principais componentes, ricos em mica e formados por metamorfismo regional ou de deslocamento profundo.

» **Gnaisses** – têm granulação grossa, bandas irregulares, predomínio do quartzo e do feldspato sobre as micas, o que torna a foliação menos visível. Metamorfismo regional de grau alto.

Figura 1.22 – Gnaisse claro

vvoe/Shutterstock

» **Migmatitos** – apresentam porções metamórficas e porções ígneas, cristalizadas com base no material fundido; a parte mais antiga, de aparência xistosa, é denominada *paleossoma*, e a mais jovem constitui granitoide e é denominada *neossoma*.

Figura 1.23 – Migmatito

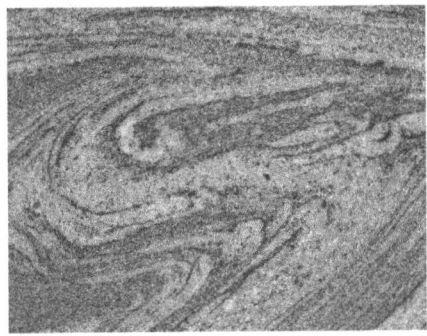

Zbynek Burival/Shutterstock

» **Mármores** – compostos de calcita ou dolomita, usualmente pouco foliados; formam corpos lenticulares.

Figura 1.24 – Mármore

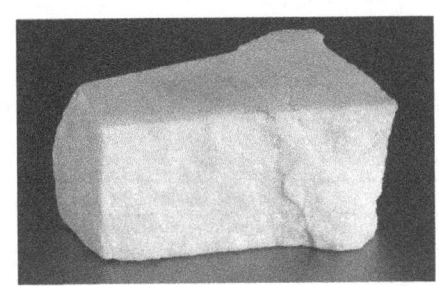

Aleksandr Pobedinskiy/Shutterstock

1.1.4 Estrutura geológica mundial

Os processos geológicos como tectonismo, vulcanismo, abalos sísmicos ou terremotos e intemperismo são os principais agentes que esculpem o relevo, ou seja, são essas as forças naturais que agiram no decorrer de milhões de anos e ainda agem nas transformações e esculturação da crosta terrestre.

Ao longo do tempo, as placas continentais sofreram deformações e compartimentações rochosas que atualmente são classificadas em dois grandes grupos: *coberturas sedimentares* e *escudos*, que se distribuem sobre os continentes conforme mostra o Mapa 1.2.

1.1.4.1 Dobramentos antigos

Também conhecidos como *cadeias orogênicas* ou *escudos*[iv] maciços, os dobramentos antigos resultam de processos geológicos da litosfera no Período Pré-Cambriano, são curvamentos côncavos e convexos ou dobramentos na superfície terrestre causados pelas forças tectônicas que empurram as placas, produzindo colisão entre rochas vizinhas e ocasionando a deformação naquelas com maior plasticidade, com a formação de cadeias de montanhas. Assim ocorre o dobramento da crosta, como na Cordilheira do Himalaia.

Os dobramentos mais antigos no território brasileiro datam do Pré-Cambriano, entre 700 Ma-45 Ma (milhões de anos), quando os continentes ainda estavam agrupados; por isso, apresentam semelhanças com outros conjuntos encontrados na África. Observe como se dá essa relação, na Figura 1.25.

---

iv. "Parte cratônica de crosta continental, geralmente de idade pré-cambriana, de estruturação complexa, envolvendo vários ciclos geológicos e composição que pode ser variável, mas maiormente granitoide, estável há muito tempo e que se comporta tectonicamente como um bloco rígido normalmente arqueado por tectônica vertical em contraste com faixas metamórficas mais jovens, fortemente dobradas que podem estar associadas e envolver essas regiões. Os escudos servem de embasamento e/ou de área-fonte para bacias sedimentares bem mais jovens que ocorram na região" (Escudo, 2017).

Mapa I.2 – Estrutura geológica mundial

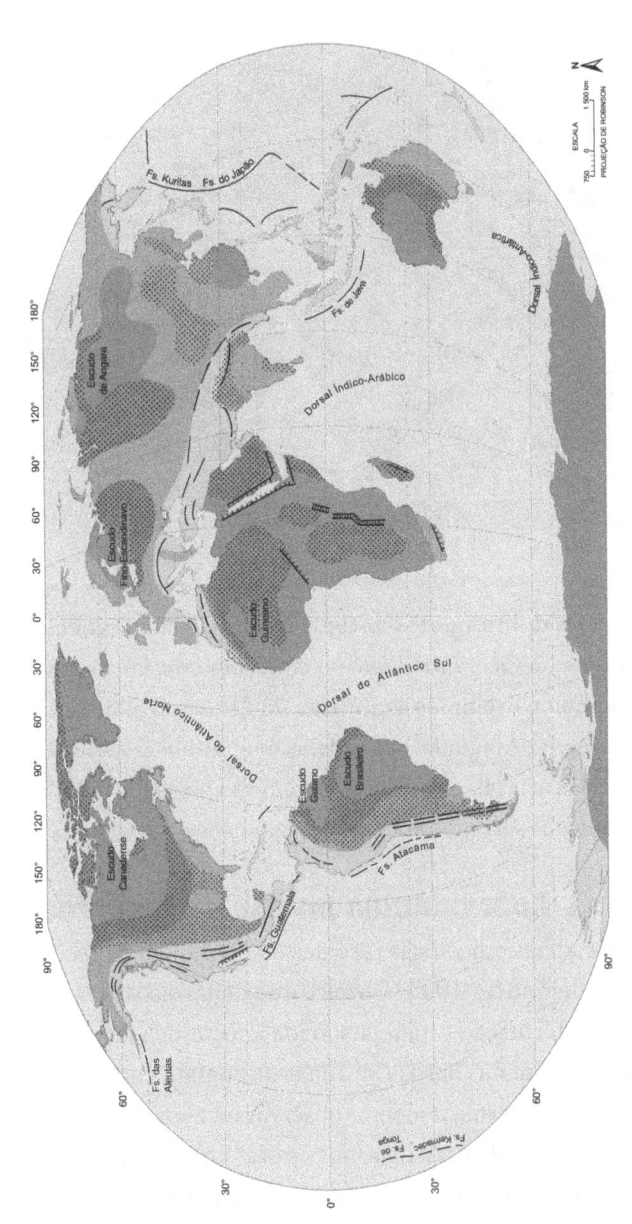

Cobertura sedimentar
- Quaternário
- Dobramentos jovens (alpinos)
- Dobramentos antigos (caledonianos e hercinianos)

Plataformas e escudos
- Pré-cambriano
- Direção das cadeias
- Falha
- Fossa
- Fossa submarina

ESCALA
750 0 1.500 km
PROJEÇÃO DE ROBINSON

Fonte: Atlas geográfico. 3. ed. Rio de Janeiro: IBGE, 1986. 1 atlas (114 p.): mapas.
Nota: Mapa atualizado pelo IBGE, 2002.

Fonte: IBGE, 2017.

Figura 1.25 – Gondwana – porções oriental e ocidental

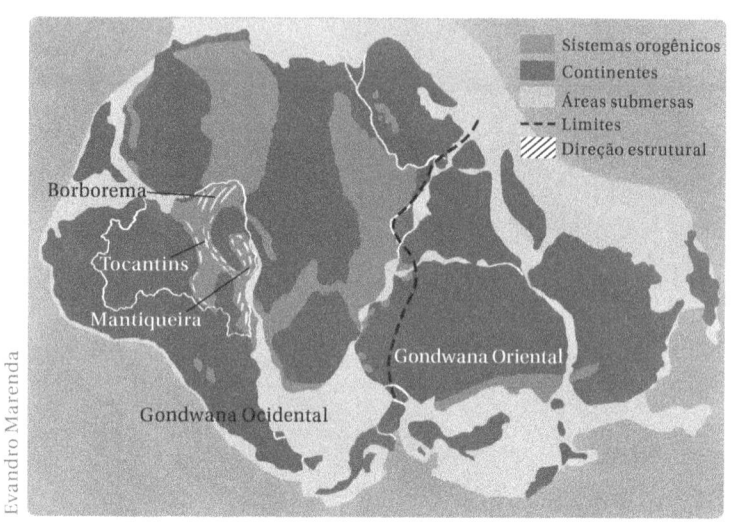

Fonte: Adaptado de Hasui, 2010, p. 145.

Os dobramentos antigos no Brasil são conhecidos com o nome de *Ciclo Brasiliano* ou *cinturões orogênicos*, e podemos citar como exemplos o cinturão do Atlântico, o de Brasília e o do Paraguai-Araguaia. São cadeias montanhosas muito desgastadas pelas várias fases erosivas, porém sua paisagem ainda mostra os aspectos serranos em grandes extensões.

1.1.4.2 Dobramentos jovens ou recentes

As cadeias orogênicas recentes ou dobramentos recentes correspondem ao final do Mesozoico e ao Cenozoico (Período Terciário) e sua formação está relacionada à tectônica de placas; por isso, ocorreram nas bordas ou zonas de contato entre as placas tectônicas, conforme podemos observar na Figura 1.25.

No Quadro 1.2, listamos as eras geológicas e os eventos no Brasil e no mundo. Para complementar essas informações, disponibilizamos no Quadro 1.3, a escala do tempo geológico.

Quadro 1.2 – Eras geológicas e eventos mundiais

Eras	Características ou acontecimentos	
	No mundo	No Brasil
Cenozoica	» Formação das cordilheiras atuais: Alpes, Andes, Himalaia, Rochosas (Terciário) » Internas glaciações, na América do Norte, a glaciação chegou a região dos Grandes Lagos	» Formação das bacias sedimentares no Terciário e no Quarternário (Pantanal, Amazônica etc.) » Atividades vulcânica e formação de ilhas vulcânicas (Arquipélago de Noronha, Ilha da Trindade e outras)
Mesozoica	» Intensas atividades vulcânicas » Início da separação dos continentes » Formação do petróleo » Formação de bacias sedimentares	» Derrames basálticos na Região Sul (formação do Planalto Arenito-Basáltico) » Formação do petróleo » Formação de bacias sedimentares
Paleozoica	» Desenvolvimento do processo de sedimentação e formação de bacias sedimentares » Formação de jazidas carboníferas	» Formação de bacias sedimentares antigas » Formação de bacias carboníferas do sul do país
Arqueozoica e proterozoica (Pré-cambriano)	» Formação das rochas mais antigas (magmáticas) » Formação dos escudos cristalinos » Formação de minerais metálicos	» Formação dos escudos cristalinos (brasileiro e guiano) » Formação das jazidas mineiras e metálicas » Formação das Serras do Mar e Mantiqueira

Fonte: Adaptado de Leinz; Amaral, 1995.

Quadro 1.3 – Escala do tempo geológico

Eon	Era	Período	Milhões de anos (início)	Eventos/Ciclos geodinâmicos
Fanerozoico	Cenozoico	Quaternário	1,6	Depósitos holocênicos e ações tectogeneicas Oscilações climáticas pleistocênicas
		Terciário	64,4	Processo de pediplanação
	Mesozoico	Cretáceo	140	Reativação tectônica (sul atlantiano)
		Jurássico	205	Vulcanismo alcalino
		Triássico	250	Vulcanismo basáltico
	Paleozoico	Permiano	290	Amplas bacias sedimentares intracratônicas
		Carbonífero	355	
		Devoniano	410	
		Siluriano	438	
		Ordoviciano	510	Cratonização da plataforma
		Cambriano	540(570)	
Proterozoico	Neoproterozoico		1.000	Ciclo Brasiliano
	Mesoproterozoico		1.600	Ciclo Espinhaço-Uruaçuano
	Paleoproterozoico		2.500	Ciclo Transamazônico
Arqueano			4.500	Ciclo Jequié-Aroense

Fonte: Casseti, 2005.

Os dobramentos recentes são terrenos que ainda apresentam intensa atividade tectônica, como terremotos e vulcanismo. Caracterizam-se por relevos muito acidentados, íngremes e linhas de picos de rocha magmática. Na Figura 1.26, é possível observar as cadeias montanhosas recentes mais conhecidas pelas grandes altitudes.

Figura 1.26 – Cordilheira Darwin – Punta Arenas, Chile

Ksenia Ragozina/Shutterstock

Os principais dobramentos recentes apresentam as mais elevadas altitudes e picos culminantes do planeta, como os Montes Everest (8.872 m) e Kanchenjunga (8.603 m), na Cordilheira do Himalaia, o Aconcágua (6.960 m), na Cordilheira dos Andes, e o McKinley (6.194 m), nas Montanhas Rochosas.

1.1.4.3 Bacias sedimentares

Bacias sedimentares são grandes depressões que, ao longo do tempo geológico, receberam sedimentos das áreas mais elevadas, formando camadas sedimentares. Sua formação é mais recente que a dos escudos cristalinos – estes, por sua vez, forneceram material, sedimentos e detritos na forma de extratos sedimentares das eras Paleozoica, Mesozoica e Cenozoica.

No Brasil, as bacias sedimentares são de formação mais recente. Os depósitos mais jovens são da Era Cenozoica, quando ocorreu um intenso processo de sedimentação e formação de planícies. Entre as bacias mais conhecidas estão a do Amazonas e do Paraná. As Figuras 1.27 e 1.28 mostram o perfil das camadas sedimentares comuns nessas bacias.

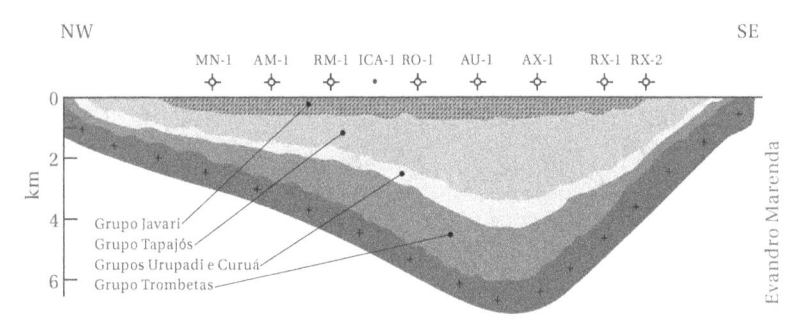

Figura 1.27 – Seção geológica esquemática da Bacia Sedimentar do Amazonas

Figura I.28 – Seção geológica esquemática da Bacia Sedimentar do Paraná

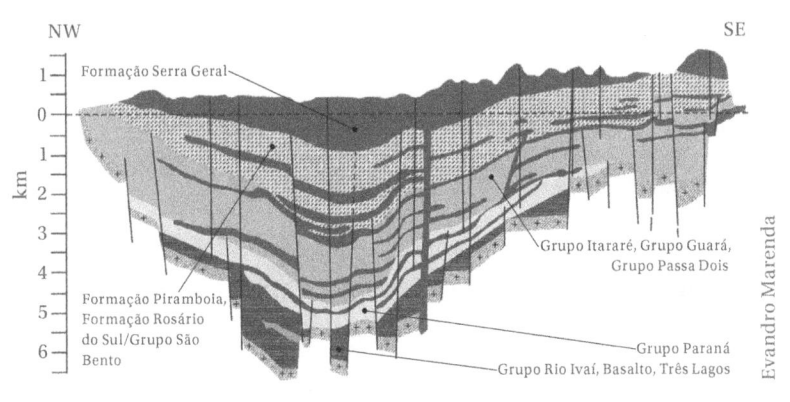

Fonte: Fernandez, 2013.

Observe agora o perfil de uma das bacias produtoras de petróleo, a Bacia Sedimentar de Campos:

Figura I.29 – Seção geológica esquemática da Bacia Sedimentar de Campos

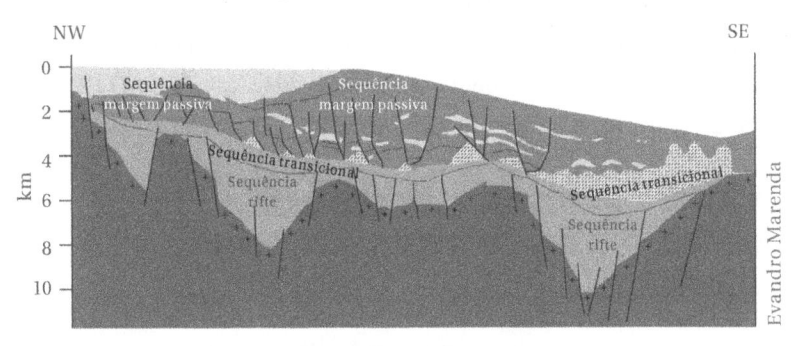

Atualmente, as bacias sedimentares abrangem aproximadamente 58% do país. Em algumas regiões, onde o terreno se formou na Era Paleozoica, são encontradas jazidas carboníferas.

Nos terrenos formados na Era Mesozoica, podem ser encontradas jazidas petrolíferas.

1.2 Geomorfologia aplicada à gestão ambiental

Explicamos anteriormente que a geologia fornece fundamentos e técnicas para a análise ambiental, permitindo ao pesquisador compreender os processos que deram origem aos depósitos rochosos e suas composições mineralógicas.

No entanto, o aprofundamento do estudo das camadas superficiais do relevo, onde ocorrem os processos ambientais, é uma atribuição científica da geomorfologia. Essa área do conhecimento surgiu no século XVIII, com estudos de profissionais das ciências naturais, que passaram a analisar a superfície terrestre de maneira mais especializada. Como consequência, essa área da ciência tornou-se responsável por estudar as formas do relevo presentes em nosso planeta. Inicialmente, a geomorfologia, como disciplina científica, apareceu como campo de investigação da geografia ou da geologia, expandindo-se para outras ciências.

1.2.1 Geomorfologia: conceitos e abordagens ambientais sobre o relevo

As concepções geológicas, no século XVIII, representaram a tendência naturalista, preocupada em atender o sistema de produção industrial emergente, tendo o *utilitarismo* da natureza como princípio. Nesse período, a geologia já havia reconhecido todo o conjunto da crosta terrestre e consolidava um corpo teórico ordenado.

Ao longo do século XIX e no início do século XX, os geólogos e engenheiros da América do Norte promoveram a sistematização dos conhecimentos e formaram a escola geomorfológica anglo-americana. As primeiras discussões teórico-metodológicas norte-americanas ocorreram após a publicação do artigo "The Geographical Cycle"[v] (Davis, 1899), que apresenta uma proposta de geomorfologia fundamentada na tendência escolástica, cujas teses sustentavam-se no evolucionismo ou darwinismo, influenciando significativamente o conhecimento científico sobre o relevo no período.

No centro e no leste europeu, desenvolveu-se a escola germânica, que adotou uma perspectiva geográfica ao tratar do relevo. Isso pode ser atribuído à própria origem de sua linhagem epistemológica, relacionada aos naturalistas, a exemplo de Friedrich Wilhelm Heinrich Alexander von Humboldt (1769-1859) geógrafo, naturalista e explorador, reconhecido como um dos precursores da geografia moderna. Os autores Ferdinand von Richthofen (1833-1905) e Albrecht Penck (1858-1945) desenvolveram estudos voltados à formalização das bases conceituais da geomorfologia germânica. Segundo Casseti (2001), a linhagem epistemológica de Richthofen teve como referencial inicial a visão de globalidade ou harmonia natural, desenvolvida por Humboldt.

Nesse contexto científico, os pesquisadores Albrecht Penck e Walther Penck (1888-1923) postularam uma concepção integradora dos elementos que compõem a superfície terrestre. A postura penckiana, tendo como referência a obra *Die morphologische Analyse*[vi] (1924), preocupava-se essencialmente com três elementos: (1) os processos endogenéticos, (2) os processos exogenéticos

---

v. *O ciclo geográfico*, em tradução livre.

vi. *A análise morfológica*, em tradução livre.

e (3) os produtos resultantes de ambos, que correspondem às formações superficiais e às feições geomorfológicas.

Walther Penck utilizou-se da geomorfologia para subsidiar a geologia e contribuir para a elucidação dos movimentos crustais, formalizando o conceito de *depósitos correlativos*[vii] para identificação das camadas sedimentares. Esse conceito se tornou um dos mais importantes no contexto da geomorfologia, para os estudos de vertentes e processos de formação dos solos.

Os trabalhos clássicos de Penck (1924) foram traduzidos para o inglês em 1953 e, com os de Davis (1899), são considerados os dois pilares da geomorfologia: o conceitual e o metodológico. Segundo Abreu (1983), essas duas linhas principais, que evoluíram paralelamente e convergiram na segunda metade do século XX, foram fundamentais para a geração de teorias, métodos e técnicas de estudo do relevo. A partir da década de 1970, deflagrou-se uma discussão mais abrangente sobre as questões ambientais e emergiu a designação *geomorfologia ambiental* (adotada desde o Simpósio de Bringhauton, em 1970), com o objetivo de incluir um parâmetro social no contexto das aplicações da ciência geomorfológica.

A definição da geomorfologia como ciência do relevo terrestre fortaleceu sua aplicação nos estudos ambientais, uma vez que definiu seus objetos de estudo e objetivos principais. Conforme a União da Geomorfologia Brasileira (UGB), essa é uma área da ciência que estabelece fundamentos, conhecimentos relativos e formas de aplicação, em diversas escalas, sobre os grandes conjuntos do relevo e suas dinâmicas, conforme segue:

---

vii. A expressão *depósitos* ou *formações correlativas* foi apresentada por Penck (1924) para definir o conjunto dos depósitos e entulhamentos resultantes dos processo erosivos sobre determinado relevo. Esses depósitos testemunham, por meio de suas características físicas e químicas, a energia aplicada na produção do relevo (Casseti, 2005).

A Geomorfologia é a área da ciência que desenvolve pesquisas, análises e aplicações de conhecimentos relativos aos modelos de desenvolvimento dos grandes conjuntos do relevo; às dinâmicas fluviais; aos processos de vertentes, como a erosão e os movimentos de massa e seus impactos; ao levantamento, à avaliação e à recuperação de áreas degradadas; aos levantamentos e às avaliações de recursos naturais; aos mapeamentos temáticos e integrados do relevo; aos zoneamentos ambientais; dentre outros aspectos relevantes do relevo terrestre em qualquer escala. (UGB, 2017)

Perante a emergência da questão ambiental nos anos 1980, a geomorfologia incorporou novas transformações teóricas e metodológicas, com destaque para os conceitos ligados à relação entre sociedade e natureza. As novas abordagens caracterizam-se por uma visão monista, em oposição à interpretação dualista entre *social* e *natural*[viii]; busca de respostas às questões de natureza ambiental; elaboração de cartas de diagnóstico ambiental como insumo do ordenamento espacial; aproximação com a geografia, ampliada com o advento da ecologia nas relações entre sociedade e natureza e suas categorias filosóficas (Achkar; Dominguez, 1994).

Com base nesses fundamentos científicos e contexto de transformações, a geomorfologia estabeleceu seu espaço de estudo,

---

viii. "(do grego *monos*: único) Diz-se de toda doutrina que considera o mundo sendo regido por um princípio fundamental único. Em outras palavras, doutrina segundo a qual o ser, que só apresenta uma multiplicidade aparente, procede de um único princípio e se reduz a uma única realidade constitutiva: a matéria ou o espírito. Por exemplo, há o monismo mecanicista dos materialistas (séc. XVIII), o monismo espiritualista e dialético de Hegel e o panteísmo de Espinosa". (Japiassú Marcondes, 2001, p. 133).

pesquisa e desenvolvimento. Ao longo de sua evoluçao, ela produziu a própria teoria e se consolidou como disciplina acadêmica.

Segundo Hamelin (1964), as contribuições científicas produzidas nesse período geraram duas abordagens teóricas: a **geomorfologia funcional** e a **geomorfologia completa** ou integral. A primeira destina-se ao estudo de uma escala temporal de maior magnitude, denominada *escala geológica*, e a segunda destina-se ao estudo dos fenômenos de menor duração temporal no tempo recente, considerando as atividades antropogênicas, e é chamada *escala humana* ou *histórica*.

A geomorfologia, então, surge como componente disciplinar dos estudos da geografia e da geologia, constituindo importante subsídio para a apropriação racional e o estudo do relevo. No século XX, as diferentes tendências da geomorfologia chegaram ao consenso de que se trata de um conhecimento específico, que pode ser sistematizado com o objetivo de analisar as formas do relevo, visando compreender os processos pretéritos e atuais. Portanto, podemos dizer que seu objeto de estudo é a **superfície da crosta terrestre** e seus objetivos são conhecer as **atividades tectogenéticas** (endógenas) e os **mecanismos morfoclimáticos** (exógenos) responsáveis pelas formas resultantes das paisagens.

1.2.2 Metodologia de análise geomorfológica

Os conhecimentos geológicos e geomorfológicos foram propostos às academias e órgãos governamentais brasileiros com a finalidade de desenvolver a pesquisa ambiental no Brasil. Entre os vários envolvidos, destacamos a contribuição do professor Aziz Nacib Ab'Saber (1969), que desde os anos 1960 promoveu a análise e classificação do relevo brasileiro. Segundo esse autor, é possível estudar o relevo com base em três dimensões que se integram e interagem:

1. a compartimentação morfológica;
2. o levantamento da estrutura superficial;
3. o estudo da fisiologia da paisagem.

De acordo com essa metodologia, é possível realizar o estudo ambiental nas diferentes escalas geográficas, partindo das grandes unidades de relevo, ou em pequena escala, até o detalhamento de encostas e vertentes.

1.2.2.1 Compartimentação morfológica

Na escala geográfica, podemos considerar a compartimentação morfológica como os diferentes níveis topográficos do relevo que separam ou individualizam determinados domínios morfológicos, de acordo com características específicas, considerando os tipos de formas ou domínios altimétricos, resultantes da ação dos agentes internos e extrenos, como a tectônica de placas e os fatores climáticos, respectivamente.

Um exemplo no contexto brasileiro é a Serra da Borborema (Mapa 1.3), na Região Nordeste, conforme mencionado por Pivetta (2012, p. 56):

> Alguns estudos atribuem as origens do planalto ou serra da Borborema aos efeitos do clima. Ao longo de milhões de anos, as intempéries teriam moldado o relevo acidentado dessa região, formada pelas terras altas que dão um ar montanhoso a porções do interior de Pernambuco, Paraíba, Alagoas e Rio Grande do Norte. Outros trabalhos debitam as origens do platô na conta de processos geológicos que ocorreram no período Cretáceo, entre 136 e 65 milhões de anos atrás. A separação da América do Sul e da África, que até então formavam um único bloco no antigo

supercontinente Gondwana, fez nascer o Oceano Atlântico e, segundo a teoria mais aceita, provocou um estiramento da crosta terrestre em trechos do Nordeste brasileiro. A camada mais externa da Terra se tornou mais fina na região e uma das consequências desse estirão foi o aparecimento de elevações em certos pontos, como o planalto da Borborema.

Um novo trabalho, feito pelos geofísicos Walter Eugênio de Medeiros, da Universidade Federal do Rio Grande do Norte (UFRN), e Roberto Gusmão de Oliveira, do Serviço Geológico do Brasil (CPRM), defende a hipótese de que outro mecanismo geológico, mais recente e de natureza distinta do estirão ocasionado pela separação dos continentes, também pode ter desempenhado um papel importante na formação do planalto nordestino. Segundo um artigo da dupla de pesquisadores [...], o soerguimento da Borborema pode ser consequência de atividade magmática e de uma anomalia térmica profunda que teriam iniciado há cerca de 30 milhões de anos naquele trecho do Nordeste.

Figura 1.30 – Serra da Borborema

Mapa I.3 – Serra da Borborema (relevo)

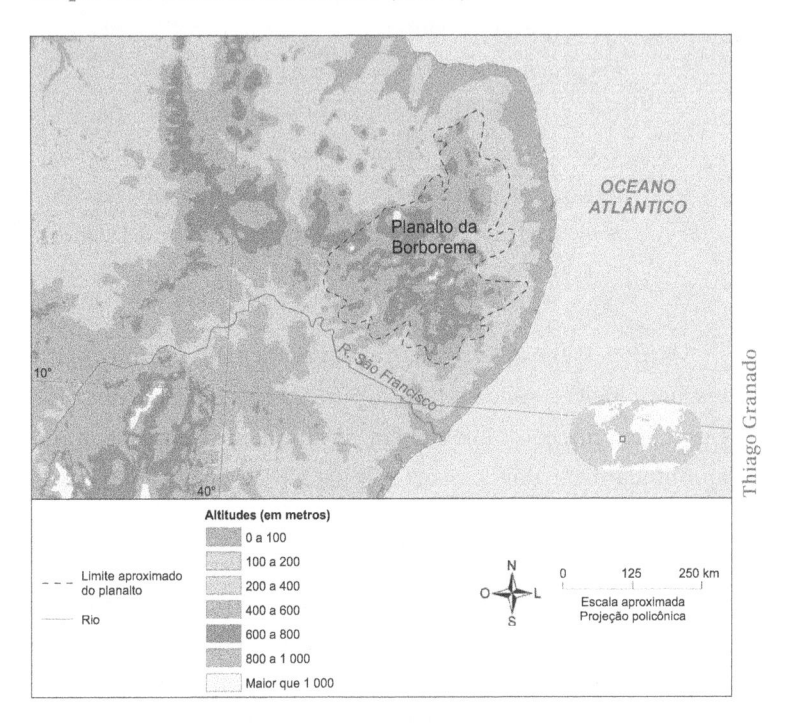

[Mapa mostrando o Planalto da Borborema, com legenda de altitudes em metros: 0 a 100, 100 a 200, 200 a 400, 400 a 600, 600 a 800, 800 a 1 000, Maior que 1 000. Limite aproximado do planalto e Rio. Escala aproximada 0 – 125 – 250 km. Projeção policônica. Thiago Granado.]

Segundo Casseti (2005), a compartimentação topográfica define aspectos morfológicos e morfométricos do relevo que são resultantes das propriedades adquiridas durante sua gênese, processo evolutivo ou formação, considerando as mudanças climáticas no tempo geológico. Eis como o autor a descreve:

> O conceito de compartimentação topográfica, na realidade, apresenta uma dimensão muito maior que a própria denominação, uma vez que transcende a ideia de topografia, no que tange aos aspectos morfológicos e morfométricos do relevo, resultantes das propriedades adquiridas durante sua gênese. Para a

> sua compreensão, torna-se imprescindível entender o processo evolutivo, considerando a ação diferencial dos processos morfogenéticos: as mudanças climáticas no tempo geológico, os componentes de natureza estrutural, valorizando os mecanismos tectogenéticos e propriedade das rochas, sem desconsiderar os efeitos da interface em cada estágio de evolução. (Casseti, 2005, p. 31)

Os processos exogenéticos e endogenéticos produzem os fatores morfológicos, sendo o clima o principal elemento entre as forças de esculturação. Mais adiante, destinaremos uma unidade ao aprofundamento dos compartimentos geomorfológicas do Brasil.

1.2.2.2 Estrutura superficial

Em nossa abordagem, destacamos o estudo da estrutura superficial tendo como referência os depósitos correlativos ao longo das vertentes ou em diferentes compartimentos em longos períodos de tempo. Segundo Penck (1924), são compartimentos associados às oscilações climáticas acontecidas no passado, sendo as mais expressivas aquelas vinculadas às oscilações do Pleistoceno, há cerca de 2 milhões de anos.

A identificação desses depósitos permite a definição do grau de fragilidade do terreno e o entendimento histórico de sua evolução e da formação dos paleopavimentos[ix]. Com o conhecimento das peculiaridades dos diferentes tipos de depósitos que ocorrem em condições climáticas distintas, torna-se possível compreender a dinâmica evolutiva comandada pelo clima, considerando a posição desses depósitos em relação aos níveis de base atuais, vinculados ou não a ajustamentos tectônicos.

---

ix. "Depósito antigo que corresponde, muitas vezes, a cascalheiras e baixos terraços, relacionados às oscilações climáticas, normalmente marcadas por linhas de pedras" (Paraná, 2016b).

Figura 1.31 – Depósitos em linhas de rochas

pixularium/Shutterstock

Fazendo referência a outros estudiosos, Casseti (2005) esclarece que:

> Bigarella & Mousinho (1965) conceituam depósitos correlativos como "sequências sedimentares resultantes dos processos de agradação ocorrendo simultaneamente como fenômenos de degradação na área fonte". Referem-se, portanto, ao material residual, depositado em seções de recepção, resultante dos mecanismos morfogenéticos pretéritos e atuais, motivados por diferenciações climáticas, ajustamentos tectônicos ou implicações de natureza antrópica, como os depósitos tecnogênicos. Com relação ao conceito de "depósitos tecnogênicos", Oliveira (1990) destaca tal relação com a ação humana, originados pela técnica, referindo-se a um novo período geológico denominado de Quinário ou Tecnógeno, "período em que a atividade humana passa a ser qualitativamente diferenciada da atividade biológica na modelagem da biosfera, desencadeando processos (tecnogênicos) cuja intensidade supera em muito os processos naturais".

Passemos então, a comentar outra dimensão que integra o relevo, a fisiologia da paisagem.

I.2.2.3 Fisiologia da paisagem

Segundo Kügler (1976 a; b), o estudo da fisiologia da paisagem procura avaliar os processos morfodinâmicos atuais, considerando o ser humano como sujeito modificador da paisagem. Analisa os diferentes domínios morfoclimáticos do globo, bem como as transformações produzidas na paisagem pela intervenção antrópica.

Devemos considerar, no estudo da fisiologia da paisagem, as transformações produzidas pelo ser humano desde a Revolução Neolítica até os dias atuais. Casseti (2005) afirma, sobre a fisiologia de paisagem:

> O processo de apropriação do relevo pelo ser humano, seja como suporte ou recurso, responde pelo desencadeamento de reações que resultam no comportamento do modelado, considerando os efeitos morfodinâmicos convertidos em impactos. A presença humana, em geral, é responsável pela aceleração dos processos morfogenéticos, abreviando a atividade evolutiva natural do modelado.

A alteração do relevo pelo ser humano causa a retirada da cobertura vegetal original, expondo o solo aos impactos erosivos da chuva e, consequentemente, a infiltração e escoamento superficial da água. Esses impactos modificam de forma grave as relações entre as forças de esculturação da superfície, gerando desequilíbrios morfológicos e impactos geoambientais, com destaque para os movimentos de massa de solo e rochas, voçorocamento e assoreamento. Em processos mais intensos, os resultados são catastróficos, como deslizamentos em áreas topograficamente movimentadas.

Um exemplo desse processo é a erosão da Vila Sete, em Cianorte (PR), conhecida como Mãe Biela, a qual foi considerada a maior erosão urbana do Brasil até a década de 1970, de acordo com Carvalho (2010).

Esses três diferentes níveis de abordagem, vistos de forma articulada, permitem compreender o relevo em sua multidimensionalidade, isto é, ajudam a fazer uma análise integrada do relevo e compor representações cartográficas fiéis ao estado das áreas ou dos compartimentos estudados. Ainda, no estudo desses níveis, os processos evoluem de uma escala de tempo geológico para uma escala de tempo histórico ou humano, incorporando gradativamente novas variáveis analíticas como as relacionadas a derivações antropogênicas.

Nesses três níveis, para maior controle e medição da intervenção humana, é necessário empregar técnicas de campo, com uso de equipamentos de medição, como miras graduadas para controle de processos de erosão e deposição. Ao longo desta obra, apresentaremos várias dessas técnicas e procedimentos de pesquisa voltados ao ensino da geomorfologia e da geologia.

1.3 Pedologia e estudo ambiental do solo

As primeiras ações para o estudo dos solos no Brasil se deram após um decreto do Imperador D. Pedro II, em 1887, que fundou a Imperial Estação Agronômica de Campinas, a qual, mais tarde, se transformou no Instituto Agronômico de Campinas.

O avanço das pesquisas fundamentadas nos estudos da instituição levou à criação da Seção de Solos do Instituto Agronômico, em 1935, a qual deveria organizar um programa de classificação dos solos brasileiros. Foram aplicados fundamentos e procedimentos metodológicos de base analítica (física, química e mineralógica), bem como realizados levantamentos e os primeiros mapeamentos das diferentes unidades de solos nacionais.

De acordo com o Instituto Brasileiro de Geografia e Estatística (IBGE), a pedologia ou ciência do solo é um ramo recente do conhecimento, cujas bases teóricas e metodológicas foram inicialmente desenvolvidas nos anos 1880 na antiga Rússia czarista, por Dokuchaev, pesquisador que reconheceu que o solo não era "um simples amontoado de materiais não consolidados, em diferentes estágios de alteração, mas resultava de uma complexa interação de inúmeros fatores genéticos: clima, organismos e topografia" (IBGE, 2007, p. 27). Segundo esse autor, tais fatores interagiram ao longo do tempo sobre os materiais rochosos originais, produzindo o solo.

De acordo com Dokuchaev (1886, citado por IBGE, 2007, p. 27), a pedologia busca a explicação sobre a formação dos solos e a produção de um sistema de classificação por suas propriedades. Suas preocupações derivaram da necessidade de correção da fertilidade natural dos solos, que, de acordo com o autor, diminui ao longo dos anos de exploração agrícola, o que se agrava em razão da erosão e da falta de manejo sustentável do solo.

1.3.1 Importância vital do solo

Já sabemos que o relevo terrestre se encontra em constante transformação, por meio da ação dos fatores internos da crosta terrestre e de agentes climáticos: o **intemperismo**, que pode ser a desintegração física decorrente da ação da temperatura; a **desintegração química**, cujo agente principal é a água, originando a oxidação e a dissolução; e os **agentes biológicos** (plantas e animais). Todos esses fatores atuam diretamente no relevo, formando camadas sedimentares e, por fim, o solo.

De acordo com Toledo, Oliveira e Melfi (2000), o solo é "produto do intemperismo, do remanejamento e da reorganização das camadas superiores da crosta terrestre, relaciona-se diretamente com a atmosfera, a hidrosfera, a biosfera e as trocas de energia envolvidas" nesses sistemas.

Segundo Jenny (1980), o solo é um recurso finito, limitado e não renovável, e na atualidade suas taxas de degradação têm avançado de forma rápida em razão da ação humana, ao passo que suas taxas de formação e regeneração são extremamente lentas.

É importante lembrarmos que, desde que a humanidade descobriu como utilizar o solo para a produção agrícola, por volta de 10 mil anos atrás, ele vem sendo gradativamente degradado, mesmo em situações nas quais o manejo se dá de forma equilibrada. O crescimento acelerado da população nos últimos séculos promoveu a expansão significativa da produção agrícola mundial e provocou graves problemas nas camadas de solos, nos diversos continentes.

Nos últimos 40 anos, aproximadamente um terço dos solos agrícolas mundiais tornaram-se improdutivos devido à erosão e à perda de fertilidade. Um exemplo desse fato ocorre na Europa, onde cerca de 52 milhões de hectares de solo (16% da superfície total de terras daquele continente) sofreram degradação resultante da agricultura e da silvicultura.

As plantas dependem do solo para a fixação de suas raízes e o abastecimento de água e nutrientes. Nesse processo de trocas de materiais e energia, o solo desempenha funções vitais para os ambientes e seres vivos. Podemos então dizer que o solo é uma porção viva da superfície terrestre, pois nele habitam os decompositores, responsáveis pela transformação da matéria orgânica, e uma grande diversidade de animais que dependem dele para suas funções vitais.

Segundo o Relatório da Organização das Nações Unidas para a Agricultura e Alimentação (FAO-ONU), *O estado dos recursos solo e água no mundo para a alimentação e agricultura (Solan)*, de 28 de novembro de 2011, 25% dos solos do planeta estão degradados. Isso representa um maior desafio para alimentar a população mundial no futuro. Até 2050, a agricultura precisará produzir 70% a mais de alimentos do que produz hoje. O Gráfico 1.1 apresenta o estado atual dos solos mundiais.

Gráfico 1.1 – Estado atual dos solos, segundo a FAO-ONU

Tipologia de degradação dos ecossistemas	Opções de intervenção
Tipo 1 – Uso de técnicas muito degradantes ou terras muito degradadas	Reabilitar caso seja economicamente viável; abrandar onde médodos de produção são muito degradantes
Tipo 2 – Técnicas moderadas ou terras moderamente degradadas	Introduzir medidas para abrandar degradação
Tipo 3 – Terreno estável leve ou moderadamente degradado	Aplicar intervenções preventivas
Tipo 4 – Terreno em recuperação	Reforçar condições de implantação do manejo sustentável da terra

(continua)

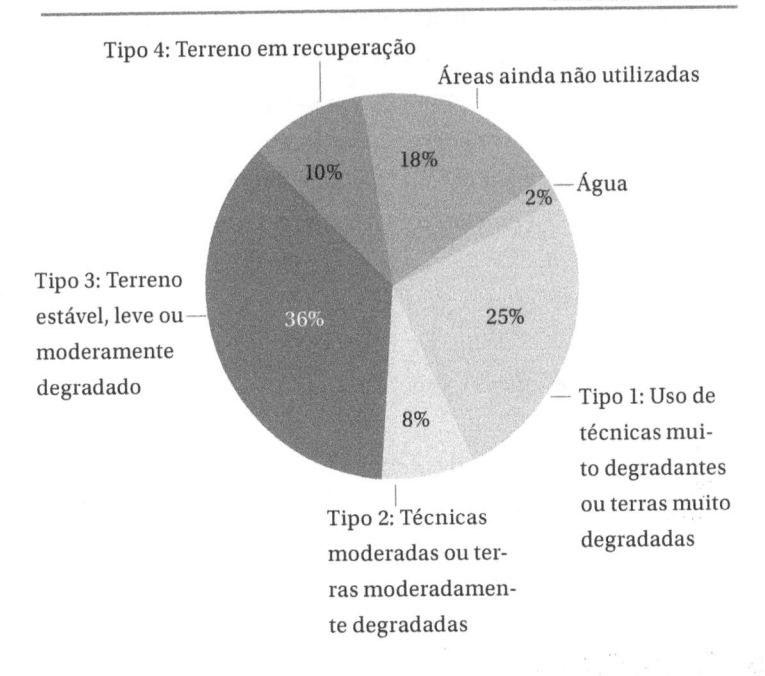

(Gráfico 1.1 – conclusão)

- Tipo 4: Terreno em recuperação — 10%
- Áreas ainda não utilizadas — 18%
- Água — 2%
- Tipo 1: Uso de técnicas muito degradantes ou terras muito degradadas — 25%
- Tipo 2: Técnicas moderadas ou terras moderadamente degradadas — 8%
- Tipo 3: Terreno estável, leve ou moderamente degradado — 36%

Fonte: Adaptado e traduzido de FAO, 2011.

O estudo da FAO também indicou que 8% dos solos estão moderadamente degradados, 36% estão estáveis ou levemente degradados e 10% estão classificados como *em recuperação*. O resto da superfície terrestre do planeta está descoberto (aproximadamente 18%) ou coberto por massas de água interiores (o equivalente a 2%).

1.3.2 Formação do solo

Os solos se formam em decorrência da decomposição das rochas. Conforme a matriz rochosa e o clima a que essas rochas estão submetidas, a formação de uma pequena camada com alguns centímetros pode levar milhares de anos. Isto é, um solo profundo mostra alto grau de intemperismo atuante sobre a rocha e baixo deslocamento dos sedimentos, ao passo que um solo raso geralmente se encontra em regiões de baixo intemperismo. Assim, são considerados geradores do solo: o clima, o tipo de rocha, a vegetação, o relevo e o tempo de atuação desses fatores.

Além dos elementos do clima, que produzem o intemperismo sobre as rochas e a formação do regolito[x], os organismos vivos também são agentes decompositores de material orgânico, pois transformam as camadas superiores em solo, que é conhecido como *camada orgânica*.

As rochas intemperizadas soltam seus sedimentos, que se tornam penetráveis por seres vivos, como insetos e minhocas, e por raízes de plantas. Carcaças de animais, folhas, cascas e galhos que caem sobre o solo se decompõem e se integram às camadas superiores do solo.

Na Figura 1.32, é possível visualizar um perfil de solo e suas camadas e em diferentes níveis de decomposição.

---

x. *Regolito* é como se chama o material não consolidado que recobre a rocha fresca. Também chamado *rególito*, *manto de decomposição* ou *manto de intemperismo*.

Figura 1.32 – Camadas de um perfil genérico de solo

(O) Horizonte orgânico com matéria orgânica recente em decomposição

(A1, A2 e A3) Camadas onde estão se decompondo galhos, frutos, folhas, sementes, além de fezes, urina, ossos e restos de animais. Todo esse material em decomposição libera minerais, os quais são absorvidos pelas raízes ou levados pela água para a camada inferior.

(B) Camada rica em argila, carbonatos e outros materiais trazidos pela água das camadas superiores.

(C) Pedras e cascalho que fazem parte da rocha localizada abaixo do solo, ou que foram trazidos por algum rio de tempos passados.

Rocha: Dela provêm os sedimentos do solo acima.

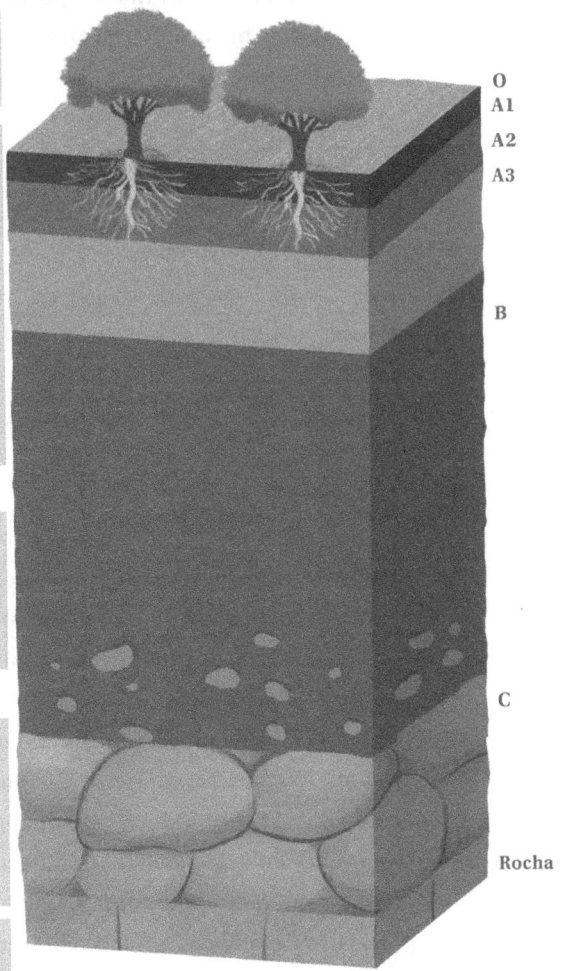

Evandro Marenda

Fonte: Adaptado de Qnint, 2016.

Podemos classificar os solos brasileiros em relação à granulometria[xi] – tamanho dos grãos ou partículas – em solos grossos e finos, conforme mostramos no Quadro 1.4.

Quadro 1.4 – Granulometria de solos

Textura	Nome	Tamanho dos graos (mm)	
		Maior que	Menor que
Solos grossos	Pedregulhos	2,0	60,0
	Areias	0,06	2,0
Solos finos	Siltes	0,002	0,06
	Argilas		0,002

Fonte: Elaborado com base em ABNT, 1995.

De acordo com o mecanismo de formação, podemos dividir os solos em três grandes grupos:

1. **Residual** – Solo que permanece no local da rocha de origem e cujas camadas são do mesmo material, diferenciando-se dela apenas pelo grau de intemperismo que sofre.
2. **Sedimentar** – Solo que se formou pela ação de agentes transportadores que acumularam sedimentos de outras áreas superiores. As camadas podem se diferenciar na composição, de acordo com as rochas de origem desses sedimentos.
3. **Orgânico** – Solo que contém grande quantidade de material orgânico em relação aos materiais da rocha original. Em alguns casos, como solos turfosos, o material orgânico forma uma camada espessa, com pouco material mineral.

---

xi. "Medição das dimensões dos componentes clásticos de um sedimento ou de um solo. Por extensão, composição de um sedimento quanto ao tamanho dos seus grãos. As medidas se expressam estatisticamente por meio de curvas de frequência, histogramas e curvas cumulativas. O estudo estatístico da distribuição baseia-se numa escala granulométrica. (Sinômimos: análise granulométrica, análise mecânica" (Paraná, 2016b).

I.3.3 Fertilidade dos solos

A fertilidade de determinado solo é associada à sua capacidade de ceder nutrientes para as plantas. De acordo com essa capacidade, podemos classificar a fertilidade do solo em quatro tipos essenciais (Mendes, 2007):

» **Natural** – Resulta do processo de formação natural, considerando-se o material de origem, o ambiente, os organismos presentes e o tempo. É medida sem que o solo tenha sofrido interferência humana.
» **Atual** – Acontece após a interferência humana, como desmatamento, movimentação mecânica ou introdução de produtos corretivos de adubação. Geralmente ocorre em solos monitorados por técnicos em agropecuária.
» **Potencial** – Ocorre quando o solo possui nutrientes, mas tem limitação em cedê-los. Geralmente são aplicados corretivos, como em solos ácidos nos quais se aplicam calcários para amenizar sua acidez e possibilitar a liberação de nutrientes.
» **Operacional** – Presente em solos onde se medem teores de nutrientes naturais por determinados extratores químicos e são adicionados novos componentes para ampliar ou estabilizar sua capacidade de ceder nutrientes.

Alguns nutrientes, como o carbono (C), o hidrogênio (H) e o oxigênio (O), compõem de 90% a 96% dos tecidos vegetais e são fornecidos pelo ar e pela água, por isso não são contabilizados nos estudos de fertilidade.

Nos solos há elementos químicos, os quais são classificados de acordo com sua função no desenvolvimento das plantas. Esses nutrientes podem ser:

- macronutrientes primários – nitrogênio (N), fósforo (P) e potássio (K);
- macronutrientes secundários – cálcio (Ca), magnésio (Mg) e enxofre (S);
- micronutrientes – boro (B), ferro (Fe), zinco (Zn), manganês (Mn), cobre (Cu), molibdênio (Mo) e cloro (Cl).

Conforme mostram os estudos de Guarçoni (2008), os macronutrientes são absorvidos em grandes quantidades pelas culturas vegetais, e os micronutrientes são absorvidos em menores quantidades. A combinação e o equilíbrio entre eles permite o desenvolvimento integral das plantas. Todos são essenciais, e a deficiência de apenas um pode prejudicar o desenvolvimento normal das culturas e, consequentemente, sua produção.

1.3.4 Impactos humanos no solo

Como já mencionamos, as práticas agrícolas se iniciaram por volta de 10 mil anos atrás, porém a intensidade do uso do solo aumentou com o crescimento da população mundial e muitos problemas surgiram. Entre os principais impactos causados aos solos estão a erosão, a laterização e a lixiviação.

A **erosão** é o deslocamento do solo de seu local de origem por ação das chuvas ou por remoção direta por mineração e outras atividades mecânicas realizadas pelo ser humano. Em geral, ocorre em áreas devastadas, nas quais o solo fica exposto e vulnerável. A infiltração direta das águas nas camadas do solo provoca sulcos, por onde o solo é deslocado para as porções mais baixas do relevo.

Figura I.33 – Erosão produzida pela degradação do solo arenítico, em Manoel Viana (RS)

Gerson Gerloff/Pulsar Imagens

A **laterização** é um processo químico que se passa no solo, quando ocorre aumento de óxidos e hidróxidos de ferro e alumínio, formando uma camada ferruginosa que prejudica a fertilidade e as práticas agrícolas.

Figura I.34 – Laterização

JETACOM AUTOFOCUS/Shutterstock

A **lixiviação**, também chamada *erosão laminar*, é um processo que ocorre geralmente nas regiões tropicais úmidas, causado pela grande quantidade de chuvas. Pode ser comparada com uma lavagem da superfície do solo, que remove seus nutrientes para as porções mais baixas do relevo, reduzindo sua fertilidade. De acordo com Pena (2016), a "lavagem excessiva da camada superficial pela água das chuvas, torna os solos mais ácidos ou improdutivos". Essa forma de erosão também está associada a problemas de movimentação de massas e desabamento de encostas.

Muitos agricultores que conhecem esses impactos aplicam, para impedir erosão, lixiviação e laterização, uma técnica chamada *terraceamento*, ordenada pelas curvas de nível do terreno, que ajuda a reter os nutrientes do solo, o que pode melhorar a produção.

Figura 1.35 – Terraceamento

Nessa técnica, quanto maior a inclinação do terreno, mais próximas devem ser as curvas umas das outras. Em terrenos mais planos, ao contrário, o espaço entre as curvas deve ser menor.

O terraceamento permite que a água da chuva se infiltre melhor no terreno plano do terraço, pois diminui a velocidade do escoamento, evitando erosão e lixiviação superficial. Também enseja o desenvolvimento das plantas e facilita todo o manejo das plantações.

Síntese

Neste capítulo, apresentamos alguns aspectos históricos, técnicos e científicos da geologia e da geomorfologia aplicados ao estudo da gestão ambiental. Entre outras especialidades para o estudo, essas áreas do conhecimento faculta aos gestores compreender as forças físicas, químicas e biológicas que interagem na formação do relevo. Verificamos também que a camada rochosa da crosta terrestre apresenta dinâmicas interna e externa. Internamente, movimentos do magma alteram o relevo. Na porção externa, em que ocorre o contato com a atmosfera e as forças climáticas, assim como a biosfera e a antroposfera resulta em diversas formas de depósitos sedimentares, formação dos solos e outros movimentos associados. Ainda, ressaltamos que o estudo dos compartimentos do relevo brasileiro é realizado com base em metodologias e escalas diferentes, considerando as dimensões de cada compartimento, sua estrutura superficial e a fisiologia das paisagens, do mesmo modo que as aplicações da geologia e da geomorfologia são diversas e dependerão sempre dos objetivos do trabalho, sejam elas de interesse didático, laboratorial ou técnico-profissional do estudioso da gestão ambiental.

Para saber mais

A ORIGEM DO PLANETA TERRA. Direção: Yavar Abbas. EUA, National Geographic TV, 2011. 1h 34 min. Disponível em: <https://www.youtube.com/watch?v=6eKH3btIUlo&list=PL9zb p30PRHDDbJ_njD7JgjGYuOmMuyylK>. Acesso em: 8 ago. 2016.

Esse documentário apresenta o planeta Terra como ele surgiu, há aproximadamente 4,6 bilhões de anos. Durante grande parte desse tempo, a Terra foi um ambiente inóspito, marcado por temperaturas elevadas em razão das atividades vulcânicas, que exalavam gases e lava; falta da camada de ozônio; nocivos raios ultravioleta, descargas elétricas e bombardeamento de corpos oriundos do espaço. A atmosfera era ácida, composta por aproximadamente 80% de gás carbônico, 10% de metano, 5% de monóxido de carbono e 5% de nitrogênio. O oxigênio era ausente ou bastante escasso, produzido apenas pela fotossíntese após o surgimento das plantas. A água, composta de hidrogênio e oxigênio, foi o elemento responsável pelo resfriamento da crosta e pela formação do relevo primitivo da Terra. A vida na Terra está associada a essa dinâmica atmosférica e a processos físicos e biológicos. O documentário apresenta uma visão integrada da formação terrestre e serve como base para pensarmos sobre o relevo e suas transformações ao longo dos bilhões de anos do planeta.

Questões para revisão

1. De acordo com uma das primeiras teorias geológicas (formulada pelo alemão Alfred Wegener), há mais de 200 milhões de anos os continentes América, Oceania, Ásia, Europa, África e Antártida compunham um único e imenso continente chamado

Pangeia (termo grego, que significa "todas as terras"). Sobre essa afirmativa, assinale a alternativa verdadeira.

a) As placas tectônicas estão sobrepostas sobre o manto interior da Terra e não realizam movimento em função de seu tamanho.
b) A teoria da tectônica de placas substituiu a explicação de Wegener e mostrou que a litosfera está composta de, ou dividida em, pelo menos 13 placas rígidas que se movem constantemente.
c) As placas nada mais são do que uma fina camada do manto interligada por correntes de convecção.
d) O Brasil está posicionado sob a crosta oceânica da Placa do Pacífico.
e) Todas as placas se movimentam nas mesmas direções, provocando a formação de cadeias montanhosas.

2. Assinale a alternativa que indica o tipo de movimento que ocorre quando uma placa é empurrada contra a outra, fazendo uma delas se deslocar para o interior da Terra. Em alguns casos, a colisão ocorre entre placas continentais, formando uma cordilheira de montanhas.
   a) Complexo.
   b) Divergente.
   c) Conservativo.
   d) Transformante.
   e) Convergente.

3. Os solos podem ser divididos em três grupos, no que se refere ao seu mecanismo de formação. Considerando essa classificação, associe o tipo de solo com sua respectiva característica:

I. Residual
II. Sedimentar
III. Orgânico

( ) Solo que se formou pela ação de agentes transportadores que acumularam sedimentos de outras áreas superiores.

( ) Solo que contém grande quantidade de material orgânico em relação aos materiais da rocha original.

( ) Solo que permanece no local da rocha de origem e cujas camadas são do mesmo material, diferenciando-se apenas pelo grau de intemperismo.

Assinale a alternativa que apresenta a sequência correta de preenchimento dos parênteses:

a) I, III, II.
b) III, II, I.
c) II, III, I.
d) I, II, III.
e) II, I, III.

4. As práticas agrícolas iniciadas há aproximadamente 10 mil anos vêm causando mudanças na composição e na integridade dos solos. Relacione os principais impactos sobre o solo a suas definições e consequências:

I. Erosão
II. Laterização
III. Lixiviação

( ) Processo químico que ocorre quando o solo sofre aumento de óxidos e hidróxidos de ferro e alumínio, formando uma camada ferruginosa que prejudica a fertilidade e as práticas agrícolas.

( ) Deslocamento do solo de seu local de origem por ação das chuvas ou por remoção direta por mineração e outras atividades mecânicas realizadas pelo ser humano. Em geral, ocorre em áreas devastadas onde o solo fica exposto e vulnerável.

( ) Processo que ocorre geralmente nas regiões tropicais úmidas em decorrência da grande quantidade de chuvas. Pode ser comparada com uma lavagem da superfície do solo que remove seus nutrientes para as porções mais baixas do relevo, reduzindo sua fertilidade.

A sequência correta de preenchimento é:

a) I, II, III.
b) III, II, I.
c) I, III, II.
d) II, I, III.
e) III, I, II.

5. Ab'Saber (1969) promoveu a análise do relevo apoiado em três dimensões que se integram e interagem: a compartimentação morfológica, o levantamento da estrutura superficial e o estudo da fisiologia da paisagem. Com base nessa metodologia, é possível realizar o estudo ambiental nas diferentes escalas geográficas. Descreva a definição para cada uma dessas dimensões, segundo esse autor.

Questão para reflexão

Leia o trecho a seguir:

> A Geomorfologia é a área da ciência que desenvolve pesquisas, análises e aplicações de conhecimentos relativos aos modelos de desenvolvimento dos grandes conjuntos do relevo; às dinâmicas fluviais;

aos processos de vertentes, como a erosão e os movimentos de massa e seus impactos; ao levantamento, à avaliação e à recuperação de áreas degradadas; aos levantamentos e às avaliações de recursos naturais; aos mapeamentos temáticos e integrados do relevo; aos zoneamentos ambientais; dentre outros aspectos relevantes do relevo terrestre em qualquer escala. (UGB, 2017)

Com base nessas considerações, indique uma aplicação direta das técnicas da geomorfologia para a elaboração de um mapa de fragilidade ambiental em seu município.

2 Propriedades e atributos dos solos

Conteúdos do capítulo:

» Principais atributos físicos do solo.
» Água no solo e ciclo hidrológico.
» Caracterização química do solo.

Após o estudo deste capítulo, você será capaz de:

1. reconhecer os principais atributos físicos do solo (estrutura, porosidade, morfologia, cor, consistência);
2. entender a consistência, a granulometria e a textura, além da compactação e da densidade do solo;
3. verificar como ocorre o processo do ciclo hidrológico, bem como a ação da água no solo;
4. apreender a caracterização química do solo e a importância da adsorção de nutrientes e suas trocas.

Neste capítulo, discutiremos as propriedades e os atributos dos solos. Na primeira parte, abordaremos a biologia do solo e a ação dos macro, meso e micro-organismos, verificando a importância desses organismos para o solo. A segunda temática a que nos dedicaremos se refere aos atributos físicos do solo, que são: estrutura, textura e consistência, cor, densidade (do solo e das partículas), porosidade e compactação. A qualidade física do solo é imprescindível para o desenvolvimento adequado das plantas. Outra temática, não menos importante, que apresentaremos diz respeito à presença da água no solo, sua importância e como ocorre seu processo de movimentação, sua retenção e o ciclo hidrológico. Por último, abordaremos assuntos como a química do solo, a adsorção e troca iônica, a reação do solo, sua importância e relações com a planta.

2.1 Biologia do solo: ação dos macro, meso e micro-organismos

A chamada *biologia do solo* demonstra um amplo rol de organismos que coabitam dinamicamente e desenvolvem, de forma parcial ou integral, seus ciclos vitais no solo. Considerando essa interação, Eira explica que "seres vivos e ambiente solo *afetam-se mutuamente*, e as condições são continuamente modificadas podendo favorecer ou desfavorecer os próprios organismos ou o ambiente solo com reflexos na agricultura como um todo, uma vez que as próprias plantas e animais também fazem parte desse sistema" (Eira, 1995, p. 18, grifo do original).

De acordo com Hernani (2017a), a biologia do solo é o estudo dos organismos (vegetais ou animais)[i] que vivem no solo e das relações entre eles, como pode ser observado na Figura 2.1. Tais organismos, dependendo do tamanho, podem ser classificados em: macro, meso e micro-organismos.

Figura 2.1 – Dinâmica do solo

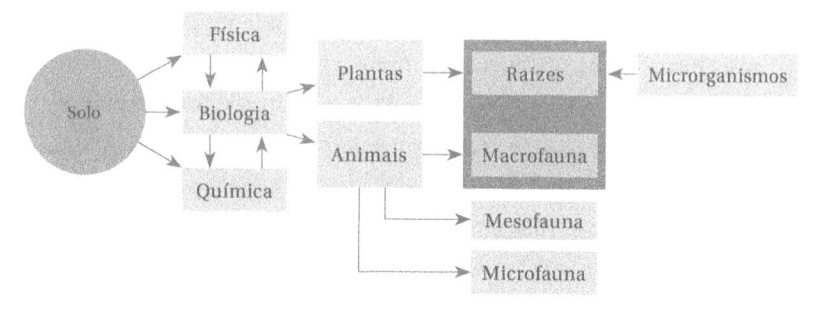

Solo → Física, Biologia, Química
Biologia → Plantas → Raízes ← Microrganismos
Biologia → Animais → Macrofauna
Animais → Mesofauna
Animais → Microfauna

Fonte: Adaptado de Hernani; Kurihara; Silva, 1999.

Os **macro-organismos** (macrofauna do solo) são os animais que vivem no solo e que são visíveis a olho nu (maiores que 0,05 mm). São também chamados *detritívoros*, porque para se alimentarem quebram o material orgânico, como folhas, caulículos e raízes, em partículas menores (Mercanti; Silva, 2017).

---

i. "Fauna, flora e microbiota (envolvendo a microfauna, microflora e os micro-organismos dos Reinos *Monera*, *Protista* e *Fungi*) são os principais grupos ecológicos". (Eira, 1995, p. 18).

Figura 2.2 – Macrofauna do solo

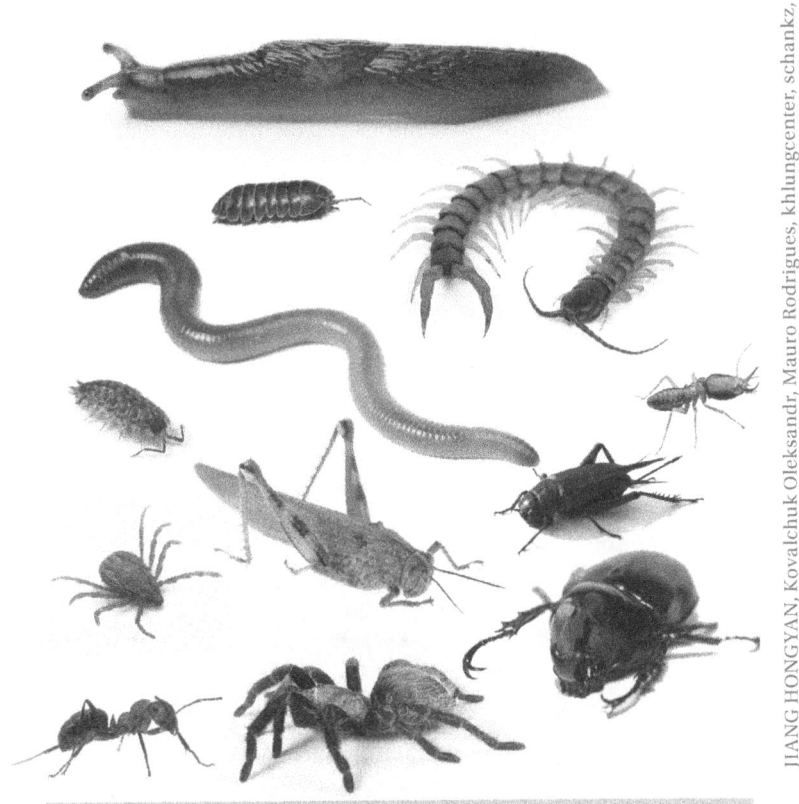

Lesmas, cochonilhas, centopeias, anelídeos, formigas, besouros e aracnídeos.

JIANG HONGYAN, Kovalchuk Oleksandr, Mauro Rodrigues, khlungcenter, schankz, Prachak Sawang, Khumthong, hsagencia, PK289, irin-k, juk atrasat e 2happy/Shutterstock

De acordo com Mercante e Silva (2017), a "macrofauna do solo é composta por um grande número de animais com variados hábitos alimentares e ciclos de vida, os quais são rapidamente influenciados pelas alterações ambientais. Entre esses macrorganismos citam-se minhocas, formigas, cupins, insetos, moluscos".

Os macro-organismos citados criam túneis, canais, galerias, ninhos, câmaras por meio de escavação, de ingestão e de transporte de material mineral e orgânico no solo (Figura 2.3) e produzem resíduos fecais – também conhecidos como *coprólitos*. Segundo Mercante e Silva (2017), "Essas estruturas têm grande influência na agregação, na aeração, no movimento da água, nas mudanças no tempo de decomposição da matéria orgânica e na composição, abundância e diversidade de outros organismos do solo". São considerados e chamados por alguns cientistas de *engenheiros do solo*.

Figura 2.3 – Canais, galerias e túneis produzidos por macro-organismos no solo

Fonte: Adaptado de Mercante; Silva, 2017.

Como podemos observar na Figura 2.3, a profundidade das galerias e câmaras varia muito, podendo chegar a até 60 cm. No fundo dessas estruturas, o teor de nutrientes e matéria orgânica é muitas vezes superior ao encontrado nas áreas adjacentes. O resultado é o aumento da fertilidade do solo com a ajuda desses organismos.

Quando os organismos (macro, meso e micro) morrem, passam a compor o que se chama de *material orgânico* e, depois de serem decompostos e transformados em substâncias ou compostos orgânicos, caracterizam o que se chama *matéria orgânica do solo* (Mercanti; Silva, 2017).

Podemos afirmar que muitas são as ações da macrofauna no solo. Elas podem variar por vários fatores e são fundamentais para a sustentabilidade ambiental dos sistemas de produção agrícola. Entre as ações da macrofauna no solo, citamos: decomposição, mineralização e humificação de resíduos orgânicos; imobilização e mobilização de macro e micronutrientes; fixação de nitrogênio; agregação e conservação do solo; regulação de pragas e doenças (autorregulação).

Os organismos da macrofauna invertebrada podem ser utilizados como indicadores eficientes da qualidade do solo, por serem muito sensíveis à alteração do manejo e da cobertura vegetal. Mercante e Silva (2017) indicam que, em sistemas cultivados, em relação à mata original, a diversidade de espécies de organismos é reduzida, interferindo diretamente no funcionamento do solo.

O sistema de plantio direto (SPD) é uma alternativa para esses casos, pois "aumenta o número e a riqueza de organismos, se comparado aos sistemas de produção tradicionais ou convencionais, indicando que diferentes sucessões e rotações de culturas favorecem a diversidade da macrofauna [...], elevando a qualidade do solo" (Mercante; Silva, 2017).

Para Mercante e Silva (2017), a ação dos organismos no solo é muito útil e benéfica, ao garantir "significativa movimentação do solo em ambientes naturais, sendo por isso denominados de *arados biológicos*". Essa denominação se deve justamente à grande função que os macro-organismos desempenham no solo. As minhocas e os cupins, por exemplo, auxiliam na decomposição e incorporação de material orgânico, criando galerias e formando húmus e os chamados *coprólitos*. Além das minhocas e dos cupins, os corós, em alguns momentos considerados perniciosos, são detritívoros. Portanto, quando a disponibilidade de resíduos vegetais é grande, eles se alimentam dos resíduos, produzindo galerias e câmaras onde os depositam, e não atacam as sementes ou as plântulas.

Outro grupo que destacamos são os **meso-organismos** (Figura 2.4), cujo tamanho varia de 0,0045 mm a 0,05 mm. Sua função e importância para o solo são fundamentais.

Figura 2.4 – Exemplo da mesofauna edáfica: ácaros, colêmbolos

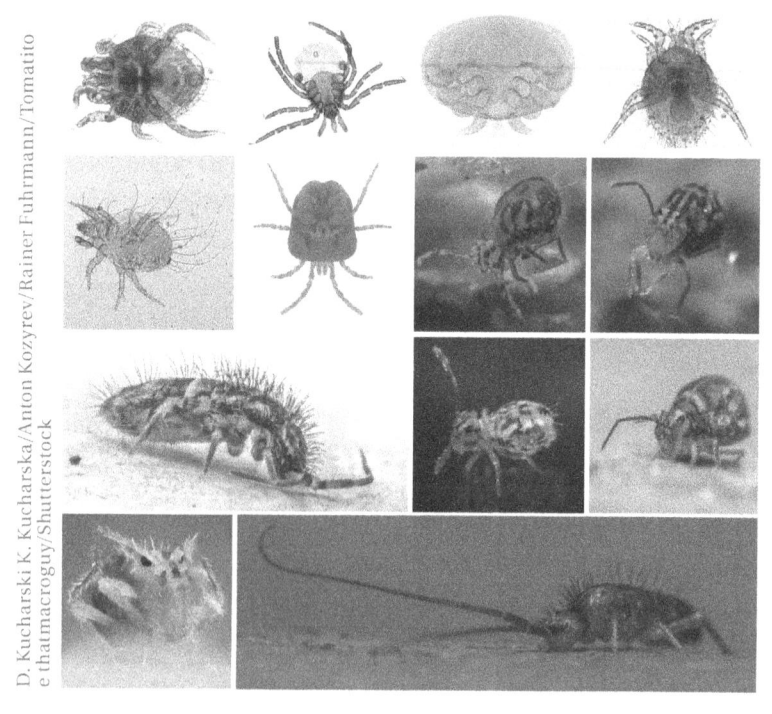

Fonte: Adaptado de Vieira, 2017.

Muitas são as espécies de animais e plantas que vivem no solo, que interagem entre si e com o ambiente que os cerca. Assim, por influência mútua, geram modificações que podem favorecer ou desfavorecer o sistema. Essas interações refletem-se nas plantas cultivadas e nas criações de animais. Em razão da importância do grupo na transformação do solo e sua influência na transformação do material orgânico, a atividade dessas espécies é um indicador da saúde do solo.

As principais classes da mesofauna edáfica são os ácaros (da ordem *Acari*) e os colêmbolos (da ordem *Collembola*), que compõem, conforme Vieira (2017), de 72% a 97% de toda a fauna de artrópodes do solo (Figuras 2.5 e 2.6).

Figura 2.5 – *Ácaro do solo*

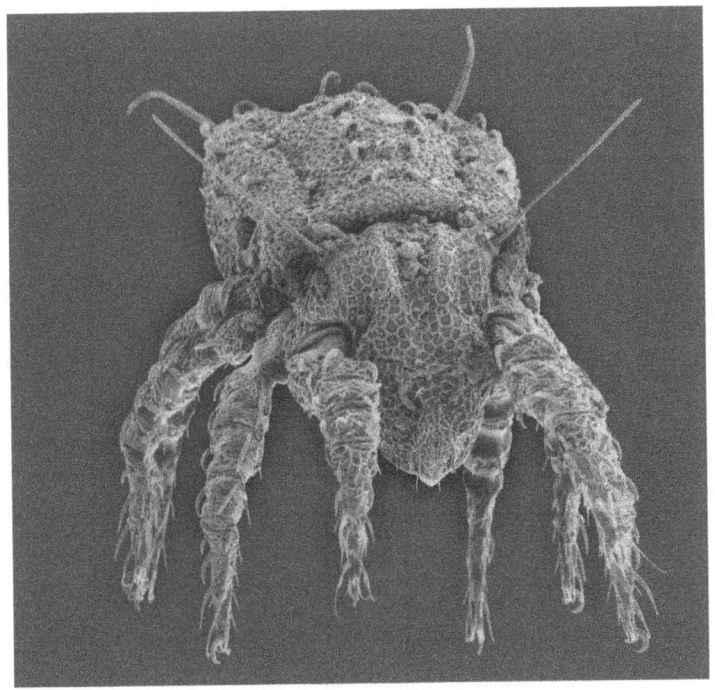

SPL DC/Latinstock

Figura 2.6 – *Colêmbolo*

SPL DC/Latinstock

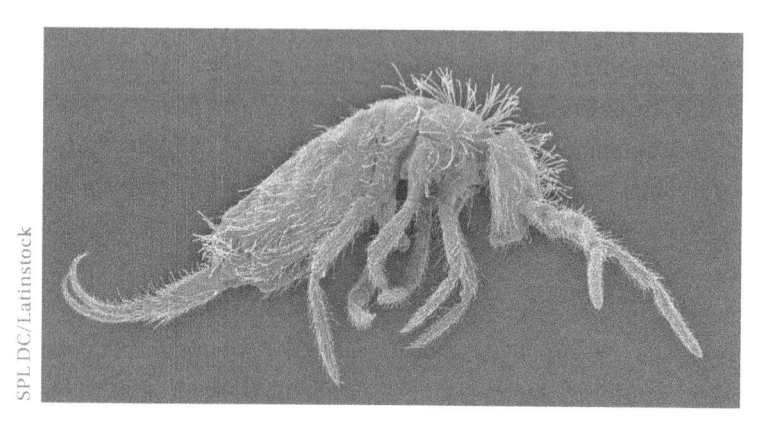

De acordo com Vieira (2017), os meso-organismos

> apresentam enorme diversidade de formas, *habitat* e comportamento sendo encontrados em quase todos os locais acessíveis à vida animal, desde a zona de vegetação (zona epígea) até níveis orgânicos associados à superfície do solo (zona hemiedáfica) e, em menor escala, em extratos mais profundos (zona euedáfica).

A respeito da aplicação do SPD, Vieira (2017) indica que um benefícios é a formação de "um ambiente favorável ao desenvolvimento da fauna edáfica, inclusive da mesofauna, principalmente nos 5 cm superficiais do solo. Em consequência, influenciam a taxa de decomposição de material orgânico, o grau de ciclagem de nutrientes e a estrutura do solo".

O segundo fator apresentado por Vieira (2017) refere-se ao

> desenvolvimento de diferenciados sistemas radiculares e à proteção da superfície do solo por plantas vivas

diversificadas e seus resíduos vegetais (palha) que, além de [servirem de] fonte de alimento, protegem a superfície do solo do contato direto da luz, da chuva e do vento, proporcionando temperatura e umidade adequados ao desenvolvimento de meso-organismos.

Como sabemos, os **micro-organismos** somente são visíveis com o auxílio de microscópio, devido a seu tamanho reduzido. Quando o assunto é solo, tais organismos formam populações com bilhões de indivíduos e, muitas vezes, as colônias podem ser observadas a olho nu (Hernani, 2017).

A ação dos micro-organismos, tais como bactérias, leveduras, fungos, actinomicetos, protozoários e algas no solo é fundamental, uma vez que agem tanto na transformação quanto na decomposição da matéria orgânica, na ciclagem de nutrientes e no fluxo de energia do solo (Hernani, 2017).

Como é apresentado por Hernani (2017):

> Os microrganismos são bastante dependentes da matéria orgânica do solo que, em resumo, é constituída pelos produtos da decomposição de resíduos de origem animal e vegetal e pelos próprios microrganismos vivos. Durante a decomposição, cerca de 20% do carbono presente nos resíduos orgânicos é liberado para a atmosfera como gás carbônico (CO_2) e o restante passa a compor a matéria orgânica do solo.

Além dos efeitos já citados, no caso de solos tropicais, os organismos vivos atuam como reservatório de nutrientes para as plantas: após sua decomposição, os micronutrientes são liberados no solo e absorvidos pelas plantas (Hernani, 2017). O autor acrescenta, em seguida:

> As culturas que compõem os sistemas de manejo do solo influenciam diretamente na persistência dos resíduos, no tamanho da biomassa microbiana e, consequentemente, na sustentabilidade dos agroecossistemas. Práticas de manejo que aumentam o conteúdo total de matéria orgânica aumentam também a biomassa e a atividade dos microrganismos e, portanto, elevam a sustentabilidade ambiental. (Hernani, 2017)

Depois, Hernani (2017) acrescenta:

> A retirada da cobertura de árvores para iniciar atividade agrícola e o uso de preparo do solo com implementos de discos, de modo geral, implica na redução acentuada da matéria orgânica do solo. Quanto maior é a intensidade de revolvimento e menor a cobertura vegetal do solo, maiores são as perdas de matéria orgânica.

É importante destacarmos que o manejo do solo segundo o SPD propicia uma série de benefícios; nele, o solo recebe abundante quantidade de matéria orgânica, ocasionando o aumento da biomassa, e da atividade dos micro-organismos e a melhora da dinâmica dos nutrientes.

2.2 Principais atributos físicos do solo

Os principais atributos físicos do solo são: estrutura, porosidade, morfologia, cor, consistência, granulometria, textura, compactação e densidade. Essas propriedades afetam direta ou indiretamente o crescimento das plantas, por exemplo. Além disso, ao conhecer todos os atributos físicos do solo, percebemos sua importância na sustentabilidade global dos ecossistemas. A qualidade física também tem grande influência sobre os processos químicos, físicos e biológicos do solo e é fundamental nos estudos sobre sua qualidade.

2.2.1 Estrutura

Como explicita Lepsch (2002, p. 31), "as partículas de areia, silte e argila encontram-se, em condições naturais, aglomeradas em unidades que são referidas com frequência como agregados". Diferentemente do conceito de *estrutura da rocha*, a expressão *estrutura do solo* refere-se ao tamanho, à forma e ao aspecto do conjunto desses agregados que aparecem naturalmente no solo.

Conforme podemos verificar nas Figuras 2.7 e 2.8, os quatro principais tipos de estrutura apresentam-se nas formas:

1. esferoide (esferoidal) – granular; grumosa; favorece a ocorrência de poros, sendo mais comum no horizonte A;
2. bloco – muito comum no horizonte B;
3. prisma – prismático e colunar;
4. placa – laminar.

Figura 2.7 – Tipos de estrutura do solo

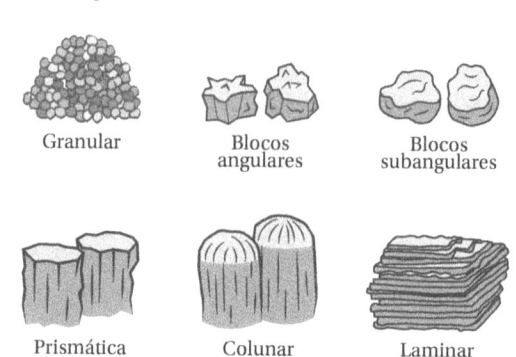

Granular   Blocos angulares   Blocos subangulares

Prismática   Colunar   Laminar

Fonte: Adaptado de Heinrichs, 2010.

Figura 2.8 – Classificação e representação esquemática das estruturas do solo

Tipos	Subtipos	Eixos	Representação	Característica
Esferoidal	Granular Grumosa		Granular	Horizontes superficiais
Bloco (cúbico)	Angulares Subangulares		Blocos angulares / Blocos subangulares	Horizonte B
Prismática	Prismática Colunar		Prismática / Colunar	Horizonte B Horizontes salinos
Laminar	(não tem subtipo)		Laminar	Horizonte C

Fonte: Adaptado de Lepsch, 2002.

Conforme nos explica o Lepsch (2002, p. 42), em outra passagem:

Para examinar e descrever a estrutura de um horizonte do solo, retira-se de um determinado horizonte, com uma faca ou com o martelo, que possa ser mantido na palma da mão e seleciona-se com os dedos os agregados que, em condições naturais, estão mais ou menos fracamente interligados. Depois de assim separados, verificam-se sua forma, tamanho e grau de desenvolvimento (ou de coesão), dentro e entre esses agregados.

Na Figura 2.9, é possível observar as diferenças entre amostras de solo com estrutura degradada e com estrutura preservadas.

Figura 2.9 – Comparação entre solo com estrutura degradada e solo com estrutura preservada

Comparação entre solo com estrutura degradada e solo com estrutura preservada

Solo de lavoura com estrutura degradada – deficiente em porosidade e com baixa permeabilidade ao ar, à água e às raízes.

Solo de mata com estrutura preservada – poroso e permeável ao ar, à água e às raízes.

Fonte: Adaptado de Vinicius, 2014.

2.2.2 Porosidade

Conforme o *Manual técnico de pedologia* do IBGE (2007), a porosidade do solo "Refere-se ao volume do solo ocupado pela água e pelo ar. Deverão ser considerados todos os poros existentes no material, inclusive os resultantes de atividades de animais e os produzidos pelas raízes".

Podemos definir *porosidade* como o volume de solo ocupado pela fase líquida e pela fase gasosa. Do ponto de vista morfológico, é possível apenas observar os maiores poros (Figura 2.10) em uma amostra de solo (torrão), preferencialmente com o auxílio de uma lupa. No entanto, a maior parte dos poros do solo não é visível a olho nu. A porosidade é importante na aeração, garantindo o fluxo de entrada de oxigênio e saída do gás carbônico e outros gases produzidos pelas raízes e micro-organismos, bem como para o desenvolvimento das raízes das plantas.

Figura 2.10 – Poros visíveis em torrões de solo

Aveteana Mikhalenich/Shutterstock

Jorge, Camargo e Valadares (1991) demonstram que tanto a porosidade como a densidade do solo são parâmetros que controlam as relações entre o ar e a água, além de indicarem o estado e a perspectiva de penetração de raízes e servirem de orientação no manejo do solo.

Figura 2.11 – Porosidade em solos argilosos e arenosos

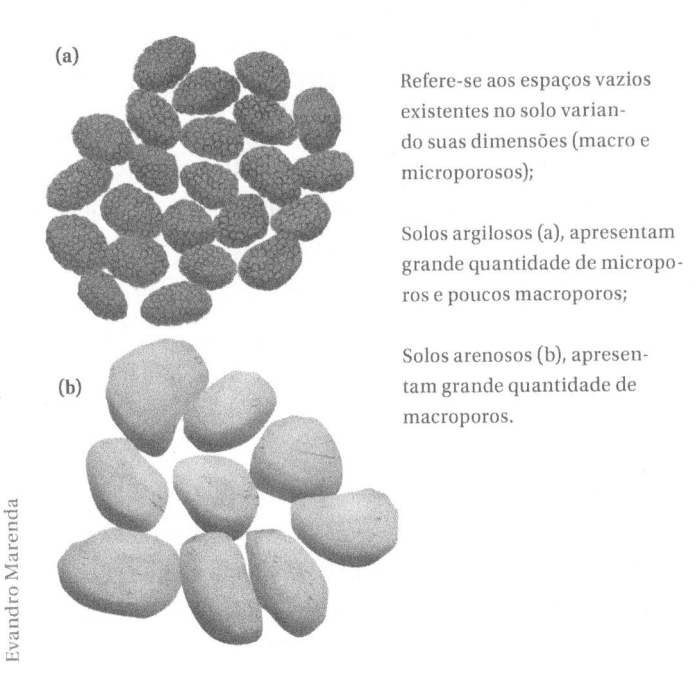

Refere-se aos espaços vazios existentes no solo variando suas dimensões (macro e microporosos);

Solos argilosos (a), apresentam grande quantidade de microporos e poucos macroporos;

Solos arenosos (b), apresentam grande quantidade de macroporos.

Fonte: Adaptado de UFRRJ, 2000, citado por Souza, 2017.

A porosidade normalmente varia entre 30% e 60%, sendo muito alterada pelo manejo do solo. Como podemos verificar na Figura 2.11, os solos argilosos apresentam grande quantidade de microporos e poucos macroporos (com porosidade entre 40% a 60%); já os solos arenosos apresentam grande quantidade de macroporos, com porosidade média entre 35% e 50%.

2.2.3 Morfologia

O estudo da morfologia do solo envolve as características visíveis e também aquelas perceptíveis por manipulação (como a agregação da matéria). As características morfológicas são observadas em cada horizonte ou camada do perfil do solo – a cor, por exemplo, pode variar entre os diferentes horizontes. As características morfológicas do solo são:

» Cor;
» Consistência;
» Granulometria e textura;
» Compactação e densidade.

Todas as características morfológicas identificadas em campo são determinantes para a caracterização do solo, em conjunto com as análises químicas, físicas e mineralógicas executadas em laboratório.

2.2.3.1 Cor

Na concepção de Lepsch (2002), a cor normalmente é uma das feições mais notadas, por ser de fácil visualização. É considerada, pelos profissionais que estudam o solo (pedólogos), uma das propriedades morfológicas mais importantes para auxiliar na classificação dos solos e um dos mais úteis atributos para sua caracterização. Sua determinação constitui, portanto, importante fonte de informação para a pedologia.

Os solos podem apresentar cores variadas, como preto, vermelho, amarelo, acinzentado etc. A variedade de cores está associada a fatores diversos, como material de origem, posição na paisagem, conteúdo da matéria orgânica e mineralogia, entre outros. Em campo, o método mais empregado pelos pedólogos é a comparação de uma amostra de solo com uma referência padronizada, a carta de cores de Munsell, que consiste em cerca de 170 pequenos retângulos com colorações diversas, arranjadas sistematicamente num livro de folhas descartáveis. A anotação da cor do solo é feita comparando-se um fragmento ou torrão de determinado horizonte com esses retângulos. Uma vez encontrado o de cor mais próxima, são anotados os três elementos básicos que compõem aquela cor: **matiz**, **valor** (ou tonalidade) e **croma** (ou intensidade) (Lepsch, 2002, p. 26-27).

O matiz refere-se à combinação dos pigmentos vermelho (R, do inglês *red*) e amarelo (Y, do inglês *yellow*), o valor indica a proporção de preto e de branco e o croma refere-se à contribuição do matiz. Os matizes variam de 5R (100% de vermelho e 0% de amarelo) até 5Y (0% de vermelho e 100% de amarelo).

Quanto mais material orgânico o solo contém, mais escuro ele é, podendo indicar boas condições de fertilidade e grande atividade microbiana. Grande quantidade de matéria orgânica também pode indicar, no entanto, condições desfavoráveis à sua decomposição, como temperatura baixa, pouca disponibilidade de nutrientes, falta de oxigênio e outros fatores que inibem a atividade dos micro-organismos do solo.

Muitos nomes populares são atribuídos aos solos são dados em razão das respectivas colorações. Solos de coloração vermelha podem indicar grande quantidade de óxidos de ferro (hematita).

Um exemplo são os solos popularmente conhecidos como *terra roxa* (na verdade seria do italiano *rosso*, que significa vermelho), *terras pretas* e *sangue tatu*. Os solos de coloração vermelho-escura são originados de rochas ígneas básicas (principalmente basalto) e são comuns em áreas que se estendem do norte do Rio Grande do Sul ao sul de Goiás.

Nos solos mal drenados (com excesso de água), a cor acinzentada indica que o ferro foi lavado (perdido para o lençol freático) em decorrência das condições de redução (ausência de oxigênio), perdendo, assim, a coloração vermelha ou amarela típica dos solos bem drenados. A cor branca acinzentada é consequência da presença de minerais silicatados na fração de argila do solo.

2.2.3.2 Consistência

Consistência é o resultado das forças de coesão e de adesão sobre os constituintes do solo, de acordo com estados de umidade. Os aspectos a ser observados nos solos são: dureza (quando secos), friabilidade (quando úmidos) e pegajosidade (quando molhados).

Para Lima (2014) a **dureza**, considerando o solo seco, varia de *macia* até *extremamente dura*. Uma amostra de um solo extremamente duro não pode ser quebrada, mesmo quando aquele que testa utiliza ambas as mãos. Em um solo extremamente duro, é difícil a penetração das raízes das plantas, o preparo do solo para o cultivo agrícola, a escavação de poços ou a fundação de casas.

Ainda para Lima (2014), a **friabilidade**, considerando o solo úmido, pode variar de *solta* a *extremamente firme*. Para o cultivo agrícola, é preferível preparar o solo nesse estado de consistência (friável), pois oferece menor resistência, tendo em vista que as forças de coesão e adesão são menores.

A **plasticidade** e a **pegajosidade** são determinadas em amostras de solo molhadas. A plasticidade é observada quando o material do solo pode ser modelado, constituindo diferentes formas (por exemplo, moldar e dobrar um fio com 3 a 4 mm). Ela varia de *não plástica* até *muito plástica* (Lima, 2014) e é um conceito utilizado por professores de artes, engenheiros civis, artesãos e agricultores. A **pegajosidade** refere-se à aderência do solo a outros objetos, quando molhado. Para determiná-la, uma amostra de solo é molhada e comprimida entre o indicador e o polegar, estimando-se sua aderência (quando gruda nos dedos). A pegajosidade varia de *não pegajosa* até *muito pegajosa* (Lima, 2014). Esse é um atributo muito importante, pois um solo muito pegajoso é difícil de ser trabalhado para algumas finalidades, como construção de um aterro ou cultivo. Um equívoco oriundo do senso comum é achar que todo solo argiloso é muito pegajoso e extremamente duro, o que nem sempre ocorre.

Podemos, assim, afirmar que o grau de consistência varia não só conforme as características mais fixas do solo, como textura, estrutura, agentes cimentantes, mas também em função do teor da umidade existente nos poros por ocasião de sua determinação (Lepsch, 2002).

2.2.3.3 Granulometria e textura

As expressões *granulometria* ou *composição granulométrica* (*grain size*) são empregadas, segundo o *Manual técnico de pedologia* (IBGE, 2007), quando se faz referência ao conjunto de todas as frações ou partículas do solo, desde as mais finas, de natureza coloidal (argilas), até as mais grosseiras (calhaus e cascalhos).

Segundo o mesmo manual, o termo *textura* é empregado especificamente para a composição granulométrica da terra firme do solo (fração menor que 2 mm de diâmetro).

A textura do solo pode ser definida como a composição obtida com base na análise granulométrica (realizada por laboratórios de solos), a qual permite classificar os componentes sólidos do solo em classes (*matacão, calhau, cascalho, areia, silte, argila*) de acordo com os diâmetros dos grânulos, como pode ser observado no Quadro 2.1.

Quadro 2.1 – Frações granulométricas do solo

Fração	Diâmetro das partículas (mm)
Argila	< 0,002
Silte	0,002 – < 0,05
Areia fina	0,05 – < 0,2
Areia grossa	0,2 – < 2

Fonte: Elaborado com base em IBGE, 2007, p. 50.

Como explicita Lepsch (2002), quando os constituintes minerais unitários dos pequenos agregados ou torrões são separados, é possível verificar que determinado horizonte do solo é composto de um conjunto de partículas individuais que estão interligadas em condições naturais. O tamanho dessas partículas é bastante variado: algumas são grandes o suficiente para observação a olho nu, outras podem ser vistas com o auxílio de lentes de bolso ou microscópio comum, e as restantes podem ser observadas somente com o auxílio de microscópios potentes.

A textura refere-se à proporção relativa das frações areia, silte e argila em um solo, com base na qual são definidos os chamados *grupamentos texturais*, como podemos observar no Quadro 2.2 e também na Figura 2.12, que traz um diagrama triangular simplificado (utilizado pela Embrapa) para a classificação textural do solo.

Quadro 2.2 – Grupamentos texturais do solo

Composição	Definição
Muito argilosa	Solos com mais de 60% de argila.
Argilosa	Solos com 35 a 60% de argila.
Siltosa (ou "limosa")	Solos com argila < 35% e areia < 15%.
Média (ou "franca")	Solos com menos de 35% de argila, mais de 15% de areia e que não sejam de textura arenosa.
Arenosa	Solos com areia ≥ 70% e sem argila; ou areia ≥ 75% e argila < 5%; ou areia ≥ 80% e argila < 10%; ou areia ≥ 85% e argila < 15%.

Fonte: Elaborado com base em Embrapa, 2006, p. 265.

Figura 2.12 – Diagrama triangular simplificado para a classificação textural do solo

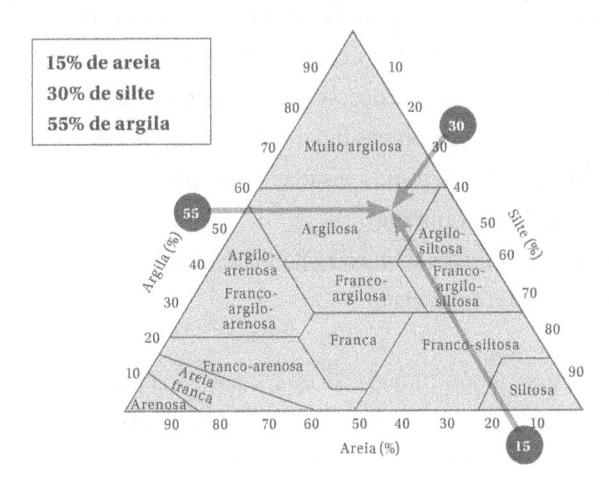

Fonte: Adaptado de Embrapa, 2006, p. 265.

Conforme o *Manual técnico de pedologia* (IBGE, 2007), a textura do solo influencia diretamente na escolha da cultura a ser plantada e nos equipamentos utilizados para seu manejo. Devemos considerar que a textura se refere unicamente à proporção entre os tamanhos de partículas (areia, silte e argila) existentes no solo.

A textura também condiciona o fator de crescimento das plantas em menor ou maior grau, influi sobre a retenção, o movimento e a disponibilidade de água, o arejamento, a disponibilidade de nutrientes, a resistência à penetração de raízes, a estabilidade de agregados, a compactabilidade dos solos e a erodibilidade.

2.2.3.4 Compactação e densidade

Fageria e Stone (2006, p. 14) explicam que a compactação é um fenômeno físico que ocorre devido à diminuição do espaço poroso existente entre as partículas do solo. A compactação altera a estrutura e a condutividade hidráulica e térmica do solo, comprometendo a penetração de raízes e reduzindo a produtividade agrícola (Figura 2.13). Pode ocorrer naturalmente, sobretudo em áreas tropicais, em um processo extremamente lento, ou ser provocada por ações antrópicas ligadas a práticas de cultivo ou criação (utilização de máquinas pesadas no preparo da terra, pisoteio do gado ou desmatamento).

Stone, Guimarães e Moreira (2002, citados por Centurion et al., 2006, p. 203) descrevem:

> A compactação do solo é caracterizada por uma alteração estrutural que causa aumento da densidade do solo e redução da porosidade total, podendo reduzir a penetração de raízes, alterar o equilíbrio na proporção de gases do solo e a disponibilidade de água e nutrientes às raízes das plantas. Como implicação,

o funcionamento bioquímico da planta é alterado, restringindo, entre outros fatores, o crescimento da parte aérea e a produção da cultura.

Figura 2.13 –Exposição das raízes em solo compactado

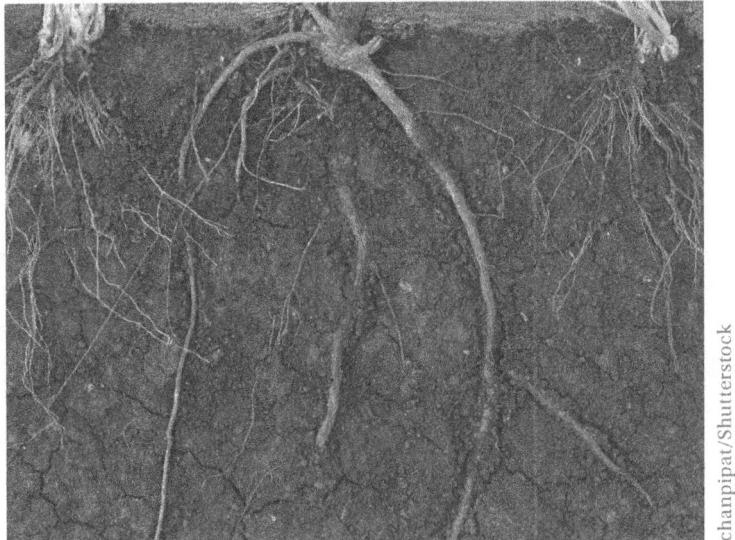

chanpipat/Shutterstock

Segundo Viana (2009), em comunicado técnico para o Ministério da Agricultura, uma das características mais importantes da densidade está associada à estrutura, à densidade de partícula e à porosidade do solo, podendo ser usada como um indicador de processos de degradação da estrutura do solo, que pode mudar em consequência de seu uso e manejo.

A medição da densidade de solo é usada, por exemplo, para a conversão da umidade determinada em base gravimétrica para a umidade em base volumétrica, utilizada nos cálculos de disponibilidade de água para as plantas e determinação da necessidade de irrigação. A determinação da compactação do solo também pode ser avaliada via densidade de solo. (Viana, 2009, p. 1)

Como comentamos anteriormente, a compactação do solo pode ser afetada por intervenções antrópicas, como o uso intensivo de máquinas agrícolas, o que diminui a quantidade de poros do solo, reduzindo seu volume total e aumentando sua densidade. Em solo não compacto, a porosidade é de aproximadamente 60%; em solo compacto, é bastante reduzida, caindo a apenas 35% (IBGE, 2007).

Compactação: é a característica do solo que apresenta pouca ou nenhuma permeabilidade a líquidos, normalmente em consequência de manejo e utilização inadequados.

Portanto, como podemos observar na Figura 2.13, a compactação do solo reduz o crescimento e o desenvolvimento radicular, diminui a ação capilar no solo, dificulta a infiltração de água e contribui para o aumento da erosão. A compactação ou adensamento do solo limita muito o enraizamento da planta em profundidade, porque reduz drasticamente a porosidade. Outra consequência é o aumento do consumo de combustível no preparo de solos compactos.

2.3 Água no solo

De acordo com Karmann (2000, p. 144), "A água é a substância mais abundante na superfície do planeta, participando de seus processos modeladores pela dissolução de materiais terrestres e do transporte de partículas". O autor acrescenta que "É a água que mantém a vida sobre a Terra pelo processo de fotossíntese, que produz biomassa pela reação entre CO_2 e H_2O". Além disso, praticamente 80% do corpo humano é composto por água. Segundo os pressupostos de Guerra (1994), a água é o principal agente de destruição, isto é, de erosão dos continentes. Isso quer dizer que o processo de erosão, na visão do autor, é consequência principalmente pela ação da água que escorre, quer sob a forma de lençol, quer sob a forma concentrada. Além do trabalho feito pela água de escoamento superficial, é preciso considerarmos aquele realizado pelas águas de infiltração. É fundamental descrevermos que o trabalho da erosão depende de alguns fatores, como o clima, o solo, a constituição geológica, a estrutura topográfica e a água movimentada. O autor segue:

> A água distribui-se na atmosfera e na parte superficial da crosta terrestre até uma profundidade de aproximadamente 10 km abaixo da interface atmosfera/crosta, constituindo a **hidrosfera**[ii], em uma série de reservatórios como oceanos, geleiras, rios, lagos, vapor de água atmosférica, água subterrânea e água retida nos seres vivos. O constante intercâmbio entre esses reservatórios compreende o chamado ciclo da água ou **ciclo hidrológico**, movimentado pela energia solar, que representa o processo mais importante da dinâmica externa da terra. (Karmann et al., 2000, p. 114, grifo do original)

---

ii. "Parte aquosa da Terra, em contraposição à porção sólida, que é a litosfera. Água líquida e sólida que repousam sobre a litosfera." (Suguio, 1998)

2.3.1 Ciclo hidrológico

As águas estão em constante circulação, presentes tanto sob a forma de vapor, na atmosfera, quanto sob a forma líquida, na superfície do solo ou no subsolo, constituindo lençóis aquíferos. Três são as partes que integram o ciclo hidrológico: água de evaporação, água de infiltração e água de escoamento superficial (Guerra, 1994).

O ciclo da água, ou ciclo hidrológico (Figura 2.14), envolve um volume total de água relativamente constante no sistema terrestre e inicia-se

> com o fenômeno da **precipitação meteórica**, que representa a condensação de gotículas a partir do vapor de água presente na atmosfera, dando origem à chuva. Quando o vapor de água transforma-se diretamente em cristais de gelo e estes, por aglutinação, atingem tamanho e peso suficientes, a precipitação ocorre sob a forma de neve ou granizo, responsável pela geração e manutenção do importante reservatório representado pelas geleiras nas calotas polares e nos cumes de montanhas. (Karmann, 2000, p. 114, grifo do original)

Figura 2.14 – Ciclo hidrológico

Na atmosfera, o vapor de água condensa ou solidifica, formando as nuvens

As nuvens, quando estão saturadas, originam precipitação: chuva, neve, granizo ou saraiva

Parte da água é absorvida pelos seres vivos e liberada para a atmosfera por transpiração

A água de precipitação forma rios e lagos ou infiltra-se no solo

As águas de precipitação que se escoam para os rios e lagos formam as águas de superfície

A água aquecida pelo sol evapora

Infiltração

Parte da água de precipitação infiltra-se no solo, formando as águas subterrâneas

Stockshoppe/Shutterstock

Parte da precipitação regressa para a atmosfera pelo processo de evaporação direta durante seu percurso em direção à superfície terrestre. A fração que evapora na atmosfera, somada ao vapor de água formado sobre o solo e aquele liberado pela atividade biológica de organismos, sobretudo as plantas na respiração, é chamada *evapotranspiração*. A evaporação direta é causada pela radiação solar e pelo vento, ao passo que a transpiração depende da vegetação.

A evapotranspiração em áreas florestadas de clima quente e úmido devolve à atmosfera até 70% da precipitação. Em ambientes glaciais o retorno da água para a atmosfera ocorre por sublimação do gelo, na qual a água passa diretamente do estado sólido para o gasoso, pela ação do vento. (Karmann, 2000, p. 116)

De acordo com Karmann (2001), parte da precipitação em áreas florestadas fica retida nas folhas e nos caules e em seguida sofre evaporação. Esse processo é chamado *interceptação* – graças à ação do vento, que movimenta as folhas, parte da água retida continua seu trajeto para o solo. Dessa forma, a interceptação gera menor impacto da chuva sobre o solo, reduzindo sua ação erosiva. Portanto, cabe destacar a importância de áreas florestadas para a redução da retirada de solo e manutenção de nutrientes.

Dois são os caminhos que a água segue ao atingir o solo: a **infiltração** e o **escoamento superficial**. A infiltração depende de vários fatores, sobretudo das características do material de cobertura da superfície. "A água de infiltração, guiada pela força gravitacional, tende a preencher os vazios no subsolo, seguindo em profundidade, onde abastece o corpo de água subterrânea" (Karmann, 2000, p. 116). Já o escoamento superficial ocorre quando a capacidade de absorção de água pela superfície é esgotada, o excesso de água escoa e, devido à ação da gravidade, é impelido para as áreas mais baixas. São responsáveis pelo início do escoamento os "pequenos filetes de água, efêmeros e disseminados pela superfície do solo, que convergem para os córregos e rios, os quais compõem a rede de drenagem". (Karmann, 2000, p. 116)

Além da água que converge para os córregos e rios, tendo como destino os oceanos, parte da água da infiltração retorna à superfície por meio das nascentes, alimentando o escoamento superficial, ou reaparece diretamente nos oceanos por de rotas de fluxo mais profundas e lentas (Karmann, 2000).

O ciclo hidrológico é completado durante o trajeto geral do escoamento superficial nas áreas emersas quando, principalmente na superfície dos oceanos, ocorre a evaporação, realimentando o vapor de água atmosférico (Karmann, 2000).

2.4 Caracterização química do solo

As partículas minerais do solo, como apresenta Lepsch (2002, p. 37), podem ser classificadas tanto de acordo com seu tamanho quanto com sua origem e composição. Com relação à origem, o autor informa que existem dois tipos:

1. remanescentes da rocha que deu origem ao solo;
2. produtos secundários, decompostos ou recompostos depois da intemperização dos minerais da rocha-mãe.

Os primeiros são denominados *minerais primários* ou *minerais originais*; os segundos, *minerais secundários* ou *pedogênicos*.

Os materiais presentes no solo são constituídos por minerais e matéria orgânica, que podem ter várias composições, dependendo de sua evolução, da origem, dos materiais primários, da paisagem, do clima e da topografia. O solo contém minerais primários, da rocha original (Quadro 2.3), e minerais secundários ou supérgenos (Quadro 2.4), que são formados durante a ação do **intemperismo químico**. Os minerais secundários são basicamente argilominerais (filossilicatos) ou oxi-hidróxidos de ferro ou alumínio; excepcionalmente ocorrem minerais de outros grupos químicos, como carbonatos, fosfatos ou outros sais. Os elementos químicos que compõem as rochas da crosta continental são oxigênio (O), silício (Si), alumínio (Al), ferro (Fe), cálcio (Ca), sódio (Na), potássio (K) e magnésio (Mg). Entre os demais elementos químicos, classificados como menores por sua sua ocorrência menos frequente, o manganês (Mn) apresenta comportamento geoquímico semelhante ao do ferro, formando oxi-hidróxidos de cor muito escura e em quantidade muito pequena no solo, recobrindo fissuras ou em camadas muito finas.

Lembrete

» Os **minerais primários**, geralmente, são aqueles componentes das rochas mais resistentes ao intemperismo químico e, por isso, permanecem mais tempo no solo, mantendo sua composição original, mas podendo fragmentar-se pela ação do intemperismo físico.
» Os **minerais secundários** provêm da decomposição de minerais primários contidos na da rocha-mãe, que são mais suscetíveis à alteração, e sua composição química é muito peculiar. Os mineirais mais frequentes são as argilas, que imprimem ao solo propriedades muito importantes.

Podemos agrupar os elementos químicos em três categorias, de acordo com seu comportamento no ambiente normal:

1. muito móveis – alcalinos e alcalinoterrosos, como cálcio (Ca), sódio (Na), potássio (K) e magnésio (Mg);
2. medianamente móvel – silício (Si);
3. muito pouco móveis – ferro (Fe) e alumínio (Al).

Os minerais secundários formados pelas reações de intemperismo químico são oxi-hidróxidos de ferro e alumínio e argilominerais (em proporções de 1:1 ou 2:1), conforme o Quadro 2.4.

> Os elementos muito pouco móveis tendem a permanecer junto a sua fonte, já os elementos móveis tendem a se afastar, como carga em solução nas águas superficiais. Nesse caso, as chances de formarem precipitados são elevadas e a mobilidade efetiva é menor (Licht, 1998).

Quadro 2.3 – Minerais comuns (primários) encontrados nas rochas de superfície dos continentes e suas fórmulas estruturais

Quartzo	SiO_2
Feldspato alcalino	$KAlSi_3O_8$
Plagioclásio	$(Na, Ca)AlSi_3O_8$
Biotita	$K(Fe, Mg)_3 (Al, Fe)Si_3 O_{10} (OH, F)_2$
Muscovita	$KAl_2Si_3O_{10}(OH, F)_2$
Piroxênio	$(Ca, Mg, Fe) (Al, Mg, Fe) (Si, Al_2)O_6$
Anfibólio	$(Ca, Na, K)_2 (Al, Mg, Fe)_5 (Si, Al)_8 O_{22} (OH, F)_2$
Olivina	$(Fe, Mg, Mn)_2 SiO_4$
Magnetita	Fe_2O_3
Calcita	$CaCO_3$

Fonte: Toledo, 2016, p. 158.

Quadro 2.4 – Minerais formados pelas reações de intemperismo químico – secundários ou supérgenos

Argilominerais 2:1	Filossilicatos complexos tipo (Ca, K) $Si_4 O_{10}$ $(Al, Fe)_2 (OH)_2$
Argilominerais 1:1	Filossilicatos mais simples $Si_2 Al_2 O_5 (OH)_4$
Goethita	Oxi-hidróxido de ferro férrico FeOOH
Hematita	Óxido de ferro férrico $Fe_2 O_3$
Gibbsita	Hidróxido de alumínio $Al(OH)_3$

Fonte: Toledo, 2016, p. 158.

Esses quadros mostram, assim, os minerais presentes nas rochas mais comuns em todo o planeta (Quadro 2.3) e também os minerais mais comuns de serem encontrados nos locais em que ocorreu intemperismo químico, sendo liberados pelos minerais primários das rochas, constituídos principalmente de oxi-hidróxidos de ferro e alumínio e argilominerais (Quadro 2.4).

2.4.1 Adsorção de nutrientes e suas trocas

A maior parte dos nutrientes do solo está adsorvida na superfície das partículas da argila. Segundo Lepsch (2002, p. 56).

> Os átomos desses elementos encontram-se na forma iônica, ou seja, providos de cargas elétricas negativas (os cátions) ou positivas (os ânions)[iii]. Por exemplo, o carbonato de cálcio (mineral calcita, com fórmula química $CaCO_3$, componente do calcário), quando dissolvido na água do solo, libera íons de cálcio (Ca_{++} ou cátion do cálcio, com duas cargas positivas) e íons de hidroxila (OH_-, um ânion com uma carga negativa).

---

iii. O autor Lepsch (2002) comete um lapso: os ânions são na verdade as cargas negativas e os cátions as positivas, conforme ele mesmo confirma em seguida, ao citar o cátion Ca_{++}.

> "**Adsorção:** processo pelo qual uma matéria adsorvente, como uma partícula de carvão pulverizado, fica coberta por uma película de gás ou líquido que constitui as matérias adsorvidas, sem penetrar no seu interior. Comumente, a adsorção é bastante seletiva, podendo ser útil na purificação de líquidos e gases. O fenômeno de adsorção pode produzir calor, conhecido como *calor de adsorção*" (Suguio, 1998).

Lepsch (2002, p. 57) ainda informa que

> a adsorção de íons carregados positivamente (cátions) deve-se à presença de cargas elétricas negativas não neutralizadas (ou não compensadas) existentes na superfície da argila. Essas cargas negativas atraem e retêm cátions dissolvidos na água do solo [...]. A esse dá-se o nome de *adsorção iônica*, que é a dinâmica [...], uma vez que um íon adsorvido na superfície de uma partícula coloidal pode ser facilmente trocado ou substituído por outro.

Lepsch (2002, p. 85) acresenta que isso faz com que, por exemplo, as extremidades das raízes retirem "dos coloides [...] grande parte dos elementos necessários à nutrição da planta, substituindo-os por outros, não necessários. Entre os cátions adsorvidos em maiores quantidades nos coloides do solo estão: o cálcio, o magnésio, o potássio, o hidrogênio e o alumínio".

> **Coloides:** conforme Jafelcci Junior e Varanda (1999, grifo nosso), os "coloides são misturas heterogêneas de pelo menos duas fases diferentes, com a matéria de uma das fases na forma finamente dividida (sólido, líquido ou gás), denominada *fase dispersa*, misturada com a fase contínua (sólido, líquido ou gás), denominada

> *meio de dispersão*. A ciência dos coloides está relacionada ao estudo dos **sistemas** nos quais pelo menos um dos componentes da mistura apresenta uma dimensão no intervalo de 1 a 1.000 nanômetros (1 nm = 10^{-9} m). **Soluções** de macromoléculas são misturas homogêneas e também são consideradas coloides porque a dimensão das macromoléculas está no intervalo de tamanho coloidal e, como tal, apresentam as propriedades características dos coloides. Os sistemas coloidais vêm sendo utilizados pelas civilizações desde os primórdios da humanidade. Os povos utilizaram géis de produtos naturais como alimento, dispersões de argilas para fabricação de utensílios de cerâmica e dispersões coloidais de pigmentos para decorar as paredes das cavernas com motivos de animais e de caça".

Cabe destacar que, segundo Lepsch (2002), nem todos os cátions citados servem "à nutrição dos vegetais e alguns são prejudiciais [...], como é o caso do hidrogênio e do alumínio, se presentes em proporções apreciáveis".

As argilas têm a capacidade de adsorver elementos químicos em forma iônica e trocá-los por outros. Desde a mais remota antiguidade, essa parece ter sido sua característica mais conhecida Lepsch (2002, p. 59). Os antigos egípcios sabiam que a passagem de líquido escuro e ao mesmo tempo fétido das esterqueiras (chorume) através de uma espessa camada de solo tornava-o descolorido e desodorizado. O autor esclarece que:

> apesar de o fenômeno não ser totalmente compreendido na época, sabe-se hoje que boa parte da limpeza desse líquido era feita pelas partículas de argila que o purificavam, [...] por processos físico-químicos de

adsorção de cátions e ânios responsáveis pela contaminação da água, ao trocá-los por outros [...] removiam-se assim o cheiro e a cor.

2.4.2 Acidez do solo: importância e relações com o solo e a planta

Conforme a Agência Embrapa de Informação Tecnologia – Ageitec (2017):

> Os solos podem ser naturalmente ácidos em razão da pobreza do material de origem em cálcio, magnésio, potássio e sódio, que são as bases trocáveis do solo, ou à intensidade dos processos de intemperização, que resultam em maiores teores de hidrogênio e alumínio no complexo de troca do solo e, consequentemente, também na solução do solo.
>
> No entanto, o processo de exploração agrícola também é um fator gerador de acidez do solo, pela exportação e pela lixiviação de nutrientes do solo (bases trocáveis), pela intensificação do ciclo da matéria orgânica e pelo próprio manejo da fertilidade do solo, com a aplicação de fertilizantes com efeito acidificante. A principal forma de avaliação da acidez do solo é pelo valor de pH, que representa a concentração (atividade) de íons hidrogênio na solução do solo. Essa informação apresenta efeito prático muito importante para a avaliação da fertilidade do solo, porque está diretamente relacionada à disponibilidade dos nutrientes para as plantas.

Observe a Figura 2.15.

Figura 2.15 – Relação entre o pH e a disponibilidade dos elementos no solo

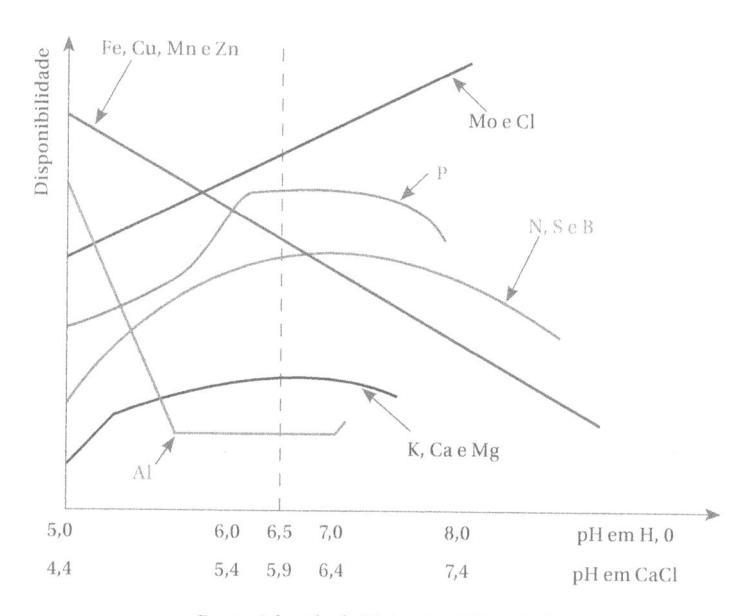

[Gráfico: eixo vertical "Disponibilidade"; curvas identificadas como "Fe, Cu, Mn e Zn", "Mo e Cl", "P", "N, S e B", "K, Ca e Mg", "Al"]

| 5,0 | 6,0 | 6,5 | 7,0 | 8,0 | pH em H$_2$O |
| 4,4 | 5,4 | 5,9 | 6,4 | 7,4 | pH em CaCl |

Fonte: Adaptdo de Malavolta, 1980, citado por Ageitec, 2017.

De acordo com Oliveira et al. (2004),

> À medida que os solos foram sendo usados, ocorreu o processo de decomposição da matéria orgânica com formação tanto de ácidos orgânicos como de inorgânicos. [...].
>
> O ácido mais simples e encontrado em maior abundância é o carbônico, que resulta da combinação do óxido carbônico com a água. Por ser um ácido fraco não pode ser responsabilizado pelos baixos valores de pH do solo.

Os ácidos inorgânicos, como os ácidos sulfúrico e nítrico, e alguns ácidos orgânicos fortes são potentes supridores de íons de hidrogênio do solo. A acidez do solo surge com o contato dos ácidos do solo com a solução aquosa, dissociando em ânion e hidrogênio.

Oliveira et al. (2004) explicam que a faixa de pH que apresenta maior disponibilidade da maioria dos nutrientes essenciais disponíveis para as culturas varia entre 5,8 e 6,2. São considerados ácidos os solos com pH abaixo de 7, já os alcalinos são os que possuem pH acima de 7.

Os mesmos autores citam que nitrogênio, fósforo, potássio, cálcio, magnésio e enxofre (os chamados macronutrientes) são mais disponíveis em solos com pH mais elevado em relação à tolerância à maioria das plantas. Já cobre, ferro, zinco e manganês (os chamados micronutrientes) têm suas concentrações reduzidas quando se aumenta o pH, e boro, molibdênio e cloro são mais disponíveis em solos de pH mais alcalino.

A acidez do solo pode ser corrigida para que ocorra o aumento da sua fertilidade. Os solos virgens, por exemplo, devem ser corrigidos, uma vez que sua fertilidade natural é baixa. No entanto, uma vez que as culturas retiram grandes quantidades de nutrientes do solo através dos grãos, solos que já são cultivados também podem apresentar problemas de carências nutricionais.

Muitos são os corretivos que podem ser aplicados aos solos. Entre eles podemos citar os carbonatos (CaO) – a cal virgem (CaO), a cal apagada, o calcário calcinado, as conchas marinhas moídas e as cinzas.

Os benefícios da adequada correção de acidez do solo são muitos. Essa é uma das práticas que mais benefícios traz ao agricultor, sendo uma combinação favorável de vários efeitos, entre os quais mencionamos: elevação do pH do solo (reduzindo a acidez); fornecimento de cálcio e magnésio como nutrientes; diminuição ou eliminação dos efeitos tóxicos do alumínio; redução da fixação de fósforo; aumento da disponibilidade de NPK, cálcio, magnésio, enxofre e molibdênio no solo; incremento da eficiência dos fertilizantes; crescimento de atividade biológica do solo e a liberação de nutrientes, tais como nitrogênio, fósforo e boro, pela decomposição da matéria orgânica; em solos ricos em manganês, redução das quantidades desse elemento presentes na solução do solo; melhora da produtividade das culturas como resultado de um ou mais dos efeitos anteriormente citados.

Síntese

Neste capítulo, tratamos de informações importantes relacionadas à ação dos organismos (macro, meso e micro) presentes no solo, que contribuem de forma significativa na agregação e aeração, gerando inúmeros benefícios. Porque são responsáveis por significativa movimentação do solo em ambientes naturais, esses seus são denominados *arados biológicos*.

Conhecer as propriedades e os atributos físicos do solo e suas características morfológicas – como estrutura, textura e consistência, cor, densidade do solo e das partículas, além da porosidade e compactação – possibilita a adoção do melhor manejo, bem como contribui para o entendimento do comportamento do solo e das plantas, pois cada solo e cada espécie ou até mesmo cultivo da planta apresenta comportamentos e características específicas em relação ao manejo.

Demonstramos que todos os fatores estão inter-relacionados, ocorrendo o que chamamos de *relação sistêmica*. A respeito do ciclo hidrológico, por exemplo, a movimentação e a retenção da água dependem da porosidade da rocha, da sua textura e outros fatores que são determinantes no processo.

A importância de se conhecer a acidez do solo é poder, *a priori*, corrigi-lo, tornando-o, assim, mais fértil, melhorando a produção agrícola tanto em pequenas quanto em grandes propriedades rurais.

Para saber mais

VAMOS falar sobre solos (*Let's Talk About Soil*). Produção: Uli Henrik Streckenback. Alemanha: IASS Potsdam, 2012. 5min 48s. Disponível em: <https://www.youtube.com/watch?v=e8uqY0Aqcf0>. Acesso em: 31 jul. 2016.

Essa animação enfatiza a dependência da humanidade em relação aos solos e descreve como o desenvolvimento sustentável é ameaçado por certas tendências de manejo de solos e governo da terra. O filme, produzido pelo desenhista de animações Uli Henrik Streckenbach para a primeira Semana Global de Solos 2012, oferece opções para transformar a gestão dos solos rumo à sustentabilidade.

ORSINI, J. A. M. Extremos climáticos devem ocorrer com mais frequência e intensidade em São Paulo. **Agência Fapesp**, 26 fev. 2015. Entrevista a Elton Alison. Disponível em: <http://agencia.fapesp.br/extremos_climaticos_devem_ocorrer_com_mais_frequencia_e_intensidade_em_sao_paulo/20717>. Acesso em: 12 abr. 2017.

Em entrevista à Agência Fapesp, José Antonio Marengo Orsini, pesquisador do Instituto Nacional de Pesquisas Espaciais (Inpe) e do Centro Nacional de Monitoramento e Alertas de Desastres Naturais (Cemaden), fala da variabilidade de chuva na região metropolitana de São Paulo nos últimos 80 anos. As observações indicaram um aumento significativo, desde 1961, no volume total de chuva durante a estação chuvosa. Os pesquisadores fizeram projeções de mudanças climáticas até 2100 por meio de uma técnica que combina um modelo climático regional, desenvolvido pelo Inpe, com modelos globais usados pelo Painel Intergovernamental sobre Mudanças Climáticas (IPCC).

Questões para revisão

1. Assinale a alternativa que completa corretamente as lacunas do texto a seguir, na ordem em que aparecem.
   A urbanização promove alterações no ciclo hidrológico por reduzir a infiltração no solo. O volume de água que deixa de infiltrar permanece na superfície, _____ o escoamento superficial. As vazões máximas então _____. Com a redução da infiltração, _____ o nível do lençol freático.
   a) aumentando – aumentam – diminui
   b) aumentando – aumentam – aumenta
   c) diminuindo – diminuem – diminui
   d) diminuindo – aumentam – diminui
   e) aumentando – diminuem – aumenta

2. (IFBA, 2013) A água é um elemento vital para a evolução e dinâmica geológica. De forma cíclica, percorre as diversas camadas terrestres (atmosfera, litosfera, hidrosfera e biosfera), apresentando-se nos diversos estados físicos da matéria (sólido, líquido e gasoso), modelando a superfície terrestre e, também, garantindo a manutenção da vida na Terra.

O ciclo hidrológico

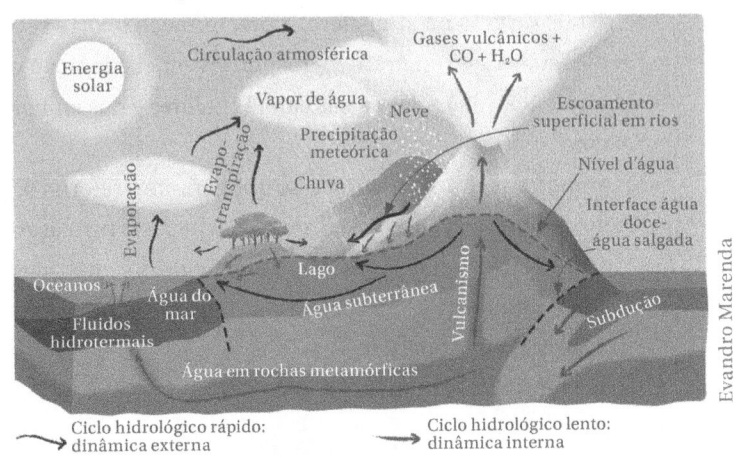

Fonte: Teixeira et al., 2000.

Considerando a dinâmica da água no ciclo hidrológico, é correto afirmar que:

I. A formação do ciclo hidrológico decorreu do resfriamento gradual da Terra, com base no qual o vapor da água começou, em parte, a se condensar e a se acumular nas depressões superficiais, dando origem à água líquida na crosta terrestre.

II. O lençol freático é o limite superior das zonas saturadas de águas subterrâneas que, quando atinge a superfície terrestre, constitui as nascentes fluviais. Nas regiões tropicais, em períodos de estiagem, o lençol freático garante o abastecimento hídrico dos cursos fluviais.

III. O ciclo hidrológico é concluído durante o percurso do escoamento subterrâneo e somente nas áreas continentais próximas ao litoral, onde ocorre a evapotranspiração, alimentando o vapor de água atmosférico.

IV. Quando o vapor de água se transforma diretamente em cristais de gelo na atmosfera, a precipitação ocorre sob a forma de neve ou granizo, responsável pela geração e manutenção das geleiras nas calotas polares e nos cumes de montanhas.

V. A evapotranspiração é o processo que garante o retorno da água precipitada para a atmosfera com base na insolação e da vegetação, sendo mais intenso em regiões semiáridas de clima quente e seco, como a caatinga, pela intensa radiação solar na superfície.

Estão corretas as alternativas:

a) I e II.
b) II e IV.
c) I, II e III.
d) I, II e IV.
e) III, IV e V.

3. (Enem, 2013) Observe o esquema e assinale a alternativa correta.

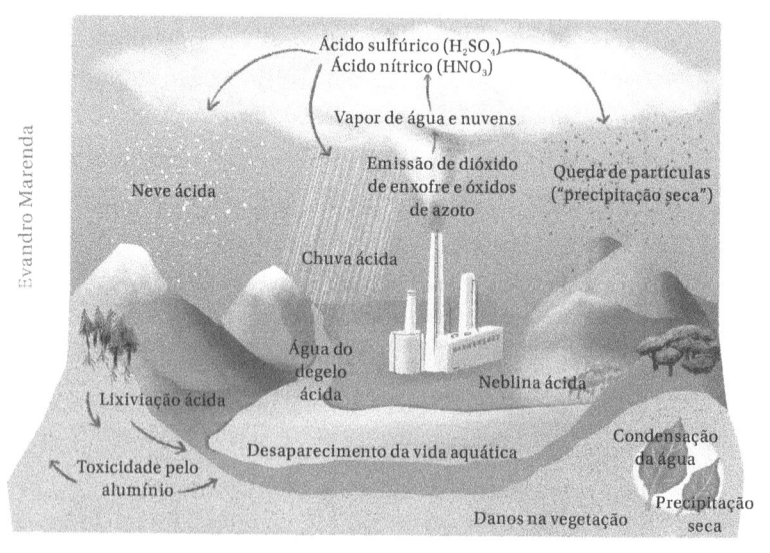

No esquema, o problema atmosférico relacionado ao ciclo da água acentuou-se após as revoluções industriais. Uma consequência direta desse problema está na:
a) redução da flora.
b) elevação das marés.
c) erosão das encostas.
d) laterização dos solos.
e) fragmentação das rochas.

4. Sobre a classificação dos organismos no solo, leia com atenção e relacione corretamente as informações das seguintes colunas:
   I. Macro-organismos
   II. Meso-organismos
   III. Micro-organismos
   ( ) Também são chamados de germes ou micróbios. Embora sejam muito pequenos, são de extrema importância para a vida no planeta e têm grande impacto sobre as atividades humanas.
   ( ) São animais que vivem no solo e são visíveis a olho nu. Também são chamados de detritívoros porque, para se alimentarem, quebram o material orgânico em partículas menores.
   ( ) Esses organismos apresentam grande diversidade de forma, *habitat* e comportamento. Além disso, são encontrados em quase todos os locais acessíveis à vida animal desde a zona de vegetação.
   Assinale a ordem correta das alternativas.
   a) I, II, III.
   b) II, I, III.
   c) II, III, I.
   d) III, II, I.
   e) III, I, II.

5. Leia o texto a seguir:

> Mesmo com a mecanização e o avanço tecnológico, as atividades agrícolas estão sujeitas a forte influência dos fatores naturais. A interferência pode-se dar de diversas maneiras, destacando-se, porém, os limites impostos pelo clima e solo. (Moreira, 1999)

Em um texto breve, conceitue *solo* e explique sua formação, descrevendo suas principais características, alterações e função.

6. Identifique e explique dois fatores que contribuem para a erosão dos solos, um natural e outro decorrente da ação humana.

Questão para reflexão

Como é determinada a cor do solo e por que é necessário defini-la?

Estudo de caso

Os solos degradados são caracterizados como aqueles que sofreram algumas transformações de ordem física, química e biológica, em decorrência das alterações climáticas. Sendo assim, a degradação do solo provoca uma diminuição da sua capacidade de produzir, principalmente pela ação da erosão e pelo seu uso indevido. Solos degradados apresentam baixa fertilidade, em razão da exportação de nutrientes pelas colheitas e das perdas por volatilização e lixiviação, não havendo, em muitos casos, a reposição dos elementos essenciais às plantas.

Imagine ser dono de uma propriedade rural muito degradada. Que medidas ou práticas você utilizaria para recuperar um solo degradado e obter mais lucratividade na sua propriedade?

Algumas das práticas podem ser:

» Utilização de espécies florestais.
» Recuperação de pastagens degradadas.
» Rotação e diversificação de culturas.
» Florestas diversificadas e agroflorestas.
» Integração lavoura-pecuária-floresta.

A seguir, detalharemos cada uma dessas práticas.

Utilização de espécies florestais

» As árvores devem apresentar um crescimento rápido e que deixe no solo bom teor de matéria orgânica e de biomassa.
» Um solo pode manter sua capacidade de produzir pelo teor de matéria orgânica que apresenta.
» No reflorestamento, em solos degradados, parte do CO_2 atmosférico é retirada do ar pela fotossíntese e armazenada sob a forma de compostos orgânicos, quer seja na massa vegetal quer seja no solo.

Recuperação de pastagens degradadas

» O plantio de árvores também é recomendado.
» As florestas cobrem o solo e, ao longo dos anos, recuperam a área degradada, além de proporcionar rentabilidade para o produtor.

Rotação e diversificação de culturas

» A monocultura é uma das principais causas da degradação do solo.
» O constante preparo do solo, com emprego de máquinas e implementos agrícolas, acelera a compactação do solo: daí

se origina a erosão, provocada pelos ventos e pela água das chuvas, levando terra e nutrientes importantes e necessários ao desenvolvimento, e à produção das plantas.

- » É preciso diversificar e fazer a rotação de culturas.
- » É preciso intercalar culturas, pois isso traz benefícios para o produtor, tanto do ponto de vista de melhoria das propriedades físicas, químicas e biológicas do solo, quanto da economia no emprego de defensivos químicos e fertilizantes minerais.
- » Um solo bem estruturado, poroso, com bom teor de matéria orgânica e de nutrientes e uma vida microbiana atuante e bem concentrada proporciona vantagens e rentabilidade econômica para o produtor.
- » Intercalar o plantio de diferentes culturas, como milheto, feijão, sorgo, aveia preta.
- » O produtor deve usar, na rotação, plantas que apresentem diferentes exigências nutricionais; existem culturas exigentes em nitrogênio (N), outras exigentes em fósforo (P), potássio (K) etc.
- » O produtor deve usar plantas que apresentem maior produção de massa verde, pensando em deixá-la no solo ou incorporá-la, após a colheita.

Florestas diversificadas e agroflorestas

- » As agroflorestas consistem no plantio de espécies entre árvores, como feijão guandu, que proporcionam maiores teores de matéria orgânica. Fazer durante quatro a cinco anos.
- » As plantas que funcionam como adubo verde servem para a recuperação do solo.
- » Após conseguir o aumento da fertilidade do solo, o produtor pode pensar em plantar outras espécies que lhe tragam maior retorno econômico.

Integração lavoura-pecuária-floresta

» A utilização de árvores e pastagens para o gado é outra forma de manejo para conter a erosão do solo.
» A recuperação do solo proporciona um pasto rico em nutrientes para o gado: os animais engordam mais rápido e o produtor tem outra fonte de renda oriunda da venda da madeira das árvores.
» Com pastos mais produtivos, o produtor pode aumentar a lotação.

3 Classificação brasileira de solos

Conteúdos do capítulo:

» Contextualização da classificação de solos no Brasil.
» Estrutura e composição do Sistema Brasileiro de Classificação de Solos.
» Fundamentos e métodos para levantamentos pedológicos.

Após o estudo deste capítulo, você será capaz de:

1. explicar os momentos históricos e modelos de classificação de solos desenvolvidos no Brasil;
2. identificar as classes de solos apresentadas no Sistema Brasileiro de Classificação de Solos;
3. reconhecer os conceitos, procedimentos e instrumentos aplicados na classificação do solo.

Neste capítulo, aprofundaremos o estudo dos solos, que, conforme já comentamos, são recursos naturais formados durante milhões de anos pela ação do intemperismo sobre os depósitos rochosos, produzindo alterações na estrutura e composição que nos permitem identificá-los segundo suas características físico-químicas e ambientais.

O estudo do solo respeita padronizações ou classificações internacionais. As primeiras classificações foram desenvolvidas em meados do século XX e já foram revistas e atualizadas. No Brasil, as classes antigas foram alteradas e renomeadas, originando o Sistema Brasileiro de Classificação de Solos (SiBCS). Versaremos sobre essa classificação e refletiremos sobre suas aplicabilidades no estudo ambiental.

3.1 Breve histórico da classificação de solos

A classificação dos solos no Brasil teve forte influência dos modelos norte-americanos e europeus, sofrendo adequações ao longo do tempo em virtude da posição geográfica do país, na zona intertropical. Essa realidade motivou os pesquisadores nacionais a aprofundar os estudos pedológicos, geomorfológicos e geológicos que constituíram a base do atual sistema.

3.1.1 Primeiras classificações

As metodologias de classificação de solos tiveram expansão nos Estados Unidos a partir da década de 1950, inicialmente com os trabalhos de Baldwin, Kellogg e Thorp (1938), e depois Thorp e

Smith (1949). O enfoque principal dessa metodologia é o nível hierárquico estabelecido para grandes grupos de solos. Nesses trabalhos teve origem a *Soil Taxonomy*, que serviu de base para a elaboração do Sistema Americano de Classificação de Solos, atualmente vigente naquele país.

Além do modelo norte-americano, a antiga classificação teve fundamentação em trabalhos reconhecidos, como os de:

> Kellogg e Davol (1949), que tratam principalmente dos latossolos; Simonson (1949), referente a podzólicos vermelho-amarelos; Winters e Simonson (1951); Simonson, Riecken e Smith (1952), referente a diversos grandes grupos de solos; United States of America (1951); Tavernier e Smith (1957), de cambissolos; Oakes e Thorp (1951), que trata de rendzinas e vertissolos ou grumussolos. (Embrapa, 2006, p. 13)

A primeira classificação pedológica brasileira teve como base o sistema americano. Atualmente denominada e *Antiga Classificação Brasileira de Solos*, essa primeira versão vigorou de 1950 até 1979. Neste último ano, verificou-se a necessidade de se elaborar um sistema brasileiro de classificação de solos que englobasse os novos critérios e conceitos em vigor na Classificação Americana de Solos e na legenda do Mapa de Solos executado pela Organização das Nações Unidas para Alimentação e Agricultura (Food and Agricultural Organization of the United Nations – FAO) e pela Ogranização das Nações Unidas para a Educação, a Ciência e a Cultura (Unted Nations Educational, Scientific and Cultural Organization – Unesco) (FAO; Unesco, 1974).

Durante esse período, o governo federal ordenou levantamentos pedológicos que foram executados em todo o país e seus resultados foram avaliados e aprovados nas Reuniões de Classificação e Correlação de Solos, realizadas em todo o território nacional. Com base nos dados e informações recolhidas, foi elaborada nova classificação de solos, sob a responsabilidade do Serviço Nacional de Levantamento e Conservação de Solos da Empresa Brasileira de Pesquisa Agropecuária (Embrapa), atual Centro Nacional de Pesquisa de Solos.

O Comitê Executivo de Classificação de Solos, coordenado pela Embrapa Solos, reuniu contribuições de pedólogos de várias instituições de pesquisa e desenvolvimento dos solos, e durante o período de elaboração do documento realizou quatro aproximações até a produção da primeira edição da Nova Classificação de Solos.

3.1.2 Nova Classificação Brasileira

A formulação Nova Classificação Brasileira de Solos teve início em 1979. Desses estudos, resultaram a primeira edição em 1999 e, em 2006, a segunda. A metodologia brasileira seguiu a tendência de renovação do sistema americano, que definiu uma classificação moderna baseada em propriedades (atributos) e horizontes diagnósticos. Esse sistema taxonômico pode ser definido como: "morfogenético, multicategórico, descendente, aberto e de abrangência nacional" (Embrapa, 1981). Essas categorias são explicadas a seguir.

> » **Morfogenético** – Sistema que se baseia nos processos pedogenéticos e propriedades que são relevantes como expressão da gênese dos solos, compreendendo atributos morfológicos, físicos, químicos e mineralógicos.
> » **Multicategórico** – Sistema que comporta hierarquização de várias categorias, consistindo estas em coleções de classes

> formando andares, segundo progresso de nível de abstração prevalente para reunião de solos em classes.
> » Seguem-se as categorias do sistema:
>   a. Ordem (nível mais generalizado)
>   b. Subordem
>   c. Grande grupo
>   d. Subgrupo
>   e. Família
>   f. Série (nível menos generalizado ou mais homogêneo)
> » **Descendente** – Estruturação constituída partindo de classes de categoria mais elevada (classes de maior generalização) para a formulação das classes de categoria mais baixa (menor generalização).
> » **Aberto (incompleto)** – Sistema que admite incorporação de novas classes, que se tornem conhecidas ou que advenham de ajustamentos ou reformulações de conceituações instituídas no sistema.
> » **Abrangência nacional** – Sistema inclusivo o bastante para acomodações taxonômicas dos solos conhecidos no território brasileiro (continente e ilhas).

Fonte: Jacomine, 2008/2009, p. 163.

Já explicamos que os solos se formaram ao longo de milhões de anos, resultantes da decomposição das rochas por ações do intemperismo e dos agentes biológicos. De acordo com a natureza desses processos, a base rochosa onde se formou e sua situação no relevo, podemos classificar os solos quanto a sua origem e seus processos externos. De acordo com a origem, podem ser eluviais e aluviais.

> » **Eluviais** – Solos que se formam de rochas encontradas no mesmo local da formação, ou seja, quando a rocha que sofreu intemporismo e se alterou para a formação do solo se encontra no mesmo local do solo em que estava a rocha primária.
> » **Aluviais** – Solos que se formaram de rochas originárias de outros lugares, que foram transportados pela ação das águas, ventos, deslizamentos e deslocamentos por gravidade.

Com relação à influência externa, recorrendo à classificação de Almeida (2005), podemos classificar os solos por zonas ou áreas de solos, da seguinte forma:

> » **Zonais** – caracterizados pela maturidade, bem delineados e profundos. São subdivididos em:
>   » **latossolos** – pouco férteis, presentes geralmente em climas quentes e úmidos, com profundidades superiores a 2 m;
>   » **podzóis** – férteis graças à acumulação de minérios, húmus e matéria orgânica, próprios de climas frios e temperados;
>   » **solos de pradarias** – ricos em cálcio e matérias orgânicas, por isso extremamente férteis, presentes em regiões subúmidas de clima temperado;
>   » **desérticos** – pouco profundos e pouco férteis, próprios de regiões desérticas.
> » **Intrazonais** – caracterizados por serem bem desenvolvidos, além de bastante influenciados pelo local em que se encontram e pelos fatores externos. Dividem-se em:
>   » **salinos** – também chamados de *halomórficos*, caracterizam-se por baixa fertilidade e alto índice de sais solúveis, próprios de regiões áridas e próximas ao mar;
>   » **hidromórficos** – por serem localizados próximos a rios e lagos, apresentam grande umidade; sua fertilidade depende do índice de umidade – quanto mais úmidos, menos férteis.

> **Azonais** – pouco desenvolvidos e muito rasos. Dividem-se em:
> > **aluviais** – presentes em áreas de formação recente em planícies úmidas; quando seus sedimentos são transportados, formam um solo de coloração amarela, denominado *loess*;
> > **litossolos** – presentes em locais com declives acentuados, costumam estar posicionados diretamente sobre a rocha formadora e são inférteis.

3.2 Sistema Brasileiro de Classificação de Solos (SiBCS)

Continuando a perspectiva histórica, a segunda edição do SiBCS manteve a mesma estrutura geral, incorporando mudanças, redefinições e correções à classificação de 1999. O sistema foi liberado para o uso público e pode ser citado em pesquisas e trabalhos técnicos na área de ciência do solo e correlacionado a outros sistemas. Essa nova edição sofreu alterações conceituais, com reestruturações das descrições praticamente em todas as ordens.

Observe o que a Embrapa (2006, p. 11) destaca na Nota do Comitê Executivo, que abre o documento:

> Quanto à reestruturação de classes, as mudanças incluem alterações em nível Ordem, Subordem, Grande Grupo, bem como exclusões e inclusões de novos Subgrupos. As mudanças mais significativas foram: extinção da Ordem Alissolos, reestruturação de Argissolos e Nitossolos (incorporando parte dos Alissolos e inclusão de Argissolos Bruno-Acinzentados),

inclusão de Alíticos e Alumínicos nas Ordens dos Argissolos, Nitossolos, Cambissolos, Planossolos e Gleissolos. Exclusão de Cambissolos Hísticos e inclusão de Cambissolos Flúvicos; Espodossolos (alteração na nomenclatura de subordens); Nitossolos (inclusão de Nitossolos Brunos e parte dos extintos Alissolos); Organossolos (exclusão de Mésicos); Planossolos (exclusão de Hidromórficos); Luvissolos (exclusão de Hipocrômicos, substituídos por Háplicos) e Plintossolos (reestruturação de 3º e 4º níveis categóricos com inclusão de Grandes Grupos Litoplínticos e Concrecionários). Ajustes, correções e redefinições de conceitos básicos (atributos e horizontes diagnósticos) também ocorreram, destacando-se as definições de material orgânico, horizontes hístico, húmico, espódico, plíntico, glei, nítico, plácico, plânico e substituição de horizonte petroplíntico por concrecionário e inclusão de caráter rúbrico e subgrupo úmbrico na ordem Latossolos. (Embrapa, 2006, p. 11)

Essa segunda edição, de 2006, substituiu a classificação de solos que vinha sendo utilizada na Embrapa Solos e todas as aproximações anteriores, realizadas em 1980, 1981, 1988 e 1997.

Para a Embrapa (2006, p. 67), o SiBCS caracteriza-se por ser multicategórico, hierárquico e aberto. O nível categórico de um sistema de classificação de solos "é um conjunto de classes definidas segundo atributos diagnósticos em um mesmo nível de generalização ou abstração e incluindo todos os solos que satisfizerem a essa definição". Essas características ou propriedades devem ser identificadas no campo com base em conhecimentos da ciência do solo e de outras disciplinas correlatas.

Os **níveis categóricos** aplicados para o Sistema Brasileiro de Classificação de Solos são:

1. ordens;
2. subordens;
3. grandes grupos;
4. subgrupos;
5. famílias;
6. séries.

Na sequência, detalharemos cada um desses níveis categóricos.

3.2.1 Ordens

O primeiro nível tem hoje 13 classes, separadas por critérios como presença ou ausência de atributos, horizontes diagnósticos ou propriedades passíveis de serem identificadas no campo, mostrando diferenças no tipo e grau de desenvolvimento de um conjunto de processos que atuaram na formação do solo. A nomenclatura adotada para esse nível empregou prefixos ou termos consagrados em taxonomia de solos, conjugados com a terminação -(s)solo, conforme registrado no Quadro 3.1.

Quadro 3.1 – Etimologia dos termos usados no primeiro nível categórico do SiBCS e principais características associadas

Classe	Elemento formativo	Termos de conotação e de memorização
Argissolo	argi-	*Argilla*. Acumulação de argila Tb ou Ta (baixa ou alta atividade da fração argila), dessaturado de bases.
Cambissolo	cambi-	*Cambiare*, trocar ou mudar. Horizonte B incipiente.

(continua)

(Quadro 3.1 - conclusão)

Classe	Elemento formativo	Termos de conotação e de memorização
Chernossolo	cherno-	Preto, rico em matéria orgânica.
Espodossolo	espodo-	*Spodos*, cinza vegetal. Horizonte B espódico.
Gleissolo	glei-	*Glei*. Horizonte glei.
Latossolo	lato-	*Lat*, material muito alterado. Horizonte B latossólico.
Luvissolo	luvi-	*Luere*, iluvial. Acumulação de argila com alta saturação por bases e Ta (alta atividade)
Neossolo	neo-	*Novo*. Pouco desenvolvimento genético.
Nitossolo	nito-	*Nitidus*, brilhante. Horizonte B nítico.
Organossolo	organo-	*Orgânico*. Horizonte H ou O hístico.
Planossolo	plano-	*Planus*. Horizonte B plânico.
Plintossolo	plinto-	*Plinthus*. Horizonte plíntico.
Vertissolo	verti-	*Vertere*, inverter. Horizonte vértico.

Fonte: Embrapa, 2006.

Conforme o SiBCS, as classes de solo são definidas, conceituadas e delimitadas na sua abrangência ou ocorrência.[i]

3.2.2 Subordens

No segundo nível, as classes são separadas por propriedades ou características específicas apresentadas a seguir, segundo o IBGE (2007, p. 208):

---

i. Na seção "Anexo", apresentamos uma síntese adaptada das 13 ordens do sistema nacional, conforme a classificação mais atual, de 2013, na 3ª edição do Sistema Brasileiro de Classificação de Solos.

» Refletem a atuação de outros processos de formação que agiram junto ou afetaram os processos dominantes, cujas características foram utilizadas para separar os solos no 1º nível categórico.
» Ressaltam as características responsáveis pela ausência de diferenciação de horizontes diagnósticos.
» Envolvem propriedades resultantes da gênese do solo e que são extremamente importantes para o desenvolvimento das plantas ou para outros usos não agrícolas e que tenham grande número de propriedades acessórias.
» Ressaltam propriedades ou características diferenciais que representam variações importantes nas classes do 1º nível categórico.

A seguir, estão relacionados os termos usados na classficação do 2º nível categórico e seu significado, ou as qualidades a eles associadas.

Quadro 3.2 – Nomenclatura e características do segundo nível categórico: subordens

Nomenclatura	Características associadas
Amarelo, acinzentado, bruno-acinzentado, bruno, vermelho, vermelho-amarelo	Cores do solo.
Argilúvico	B textural ou caráter argilúvico.
Crômico	Caráter crômico.
Ebânico	Caráter ebânico.
Ferrilúvico, humilúvico e ferri-humilúvico	Tipos de horizonte espódico (Bs, Bh ou Bhs, respectivamente).

(continua)

(Quadro 3.2 - conclusão)

Nomenclatura	Características associadas
Flúvico	Caráter flúvico.
Fólico	Horizonte hístico + contato lítico.
Háplico	Quando empregado, se refere a todos os demais solos não distinguidos nas classes precedentes.
Hidromórfico	Restrição de drenagem (presença de horizonte glei).
Húmico	Horizonte A húmico.
Litólico	Contato lítico dentro de 50 cm da superfície.
Melânico	Horizontes hístico, húmico, proeminente e chernozêmico.
Nátrico	Caráter sódico.
Pétrico	Horizonte litoplíntico ou concrecionário.
Quartzarênico	Textura arenosa desprovida de minerais alteráveis.
Regolítico	A, C + contato lítico além de 50 cm da superfície + 4% de minerais alteráveis ou 5% de fragmentos de rocha.
Rêndzico	A chernozêmico coincidindo com caráter carbonático ou horizonte cálcico ou A chernozêmico com mais de 15% de $CaCO_3$ equivalente, mais contato lítico.
Sálico	Caráter sálico.
Tiomórfico	Horizonte sulfúrico e/ou materiais sulfídricos.

Fonte: Adaptado de IBGE, 2007.

Mediante essas características, é possível atribuir a classificação de segundo nível ao solo.

3.2.3 Grandes grupos

No terceiro nível, as classes são indicados por apresentar os seguintes características específicas, segundo o IBGE (2007):

» Tipo e arranjamento dos horizontes.
» Atividade de argila; condição de saturação do complexo sortivo por bases ou por alumínio ou por sódio e/ou por sais solúveis.
» Presença de horizontes ou propriedades que restringem o desenvolvimento das raízes e afetam o movimento da água no solo.

A seguir, no Quadro 3.3, apresentamos os termos usados na classificação do terceiro nível categórico e seu significado, ou as características a eles associadas.

Quadro 3.3 – Nomenclatura e características do terceiro nível categórico: grandes grupos

Nomenclatura	Características associadas
Ácrico, acriférrico	Caráter ácrico e caráter ácrico + teor de ferro.
Alítico	Caráter alítico.
Alumínico, aluminoférrico	Caráter alumínico e caráter alumínico + teor de ferro.
Argila de atividade baixa e alta (Tb e Ta)	CTC e teor de argila.
Carbonático	Caráter carbonático ou horizonte cálcico.
Concrecionário	Horizonte concrecionário.

(continua)

(Quadro 3.3 - conclusão)

Nomenclatura	Características associadas
Distrocoeso, eutrocoeso	Saturação por bases + caráter coeso.
Distrófico, eutrófico, distroférrico, eutroférrico	Saturação por bases e saturação por bases + teor de ferro.
Distro-úmbrico, eutro-úmbrico	Saturação por bases + horizonte A proeminente.
Férrico, perférrico	Teor de ferro.
Fíbrico, hêmico, sáprico	Grau de decomposição do material orgânico.
Hidromórfico	Lençol freático elevado na maior parte do ano, na maioria dos anos.
Hidro-hiperespesso	Lençol freático elevado e B espódico a profundidade superior a 200 cm.
Hiperespesso	Horizonte espódico a profundidade superior a 200 cm.
Húmico, hístico	Horizonte A húmico e horizonte hístico.
Lítico	Contato lítico dentro de 50 cm da superfície.
Litoplíntico	Horizonte litoplíntico.
Órtico	Quando empregado, se refere a todos os demais solos não distinguidos nas classes precedentes.
Pálico	A + B (exceto BC) > 80 cm.
Psamítico	Textura arenosa.
Sálico	Caráter sálico.
Saprolítico	Presença de C ou Cr dentro de 100 cm e sem ocorrência de contato lítico dentro de 200 cm da superfície.

Fonte: IBGE, 2007.

3.2.4 Subgrupos

No 4º nível, classficamos os solos pelas seguintes características elencadas pelo IBGE (2007):

> Representam o conceito central da classe (é o exemplar típico);
> Representam os intermediários para 1º, 2º ou 3º níveis categóricos;
> Representam os solos com características extraordinárias.

No Quadro 3.4, são relacionados os principais termos empregados no nesse nível categórico e seu significado ou as características a eles associadas.

Quadro 3.4 - Nomenclatura e características do quarto nível: subgrupos

Nomenclatura	Características associadas
Abrúptico	Mudança textural abrupta.
Antropogênico	Solos afetados por atividade antrópica.
Arênico	Textura arenosa.
Argissólico	B textural e/ou relação textural e cerosidade.
Cambissólico	B incipiente ou características de desenvolvimento incipiente.
Carbonático	Caráter carbonático ou horizonte cálcico.
Chernossólico, húmico, antrópico, úmbrico	Tipos de horizonte A.
Dúrico	Ortstein, duripã.

(continua)

(Quadro 3.4 - continuação)

Nomenclatura	Características associadas
Êndico	Horizonte concrecionário ou litoplíntico ocorrendo na parte interna do solo.
Epiáquico	Caráter epiáquico.
Espessarênico	Textura arenosa x profundidade.
Espesso	Profundidade de A + E.
Espódico	B textural com acúmulo iluvial de carbono orgânico e alumínio com ou sem ferro, insuficiente para B espódico.
Êutrico	pH e S altos.
Fragmentário	Contato lítico fragmentário.
Fragipânico	Presença de fragipã.
Gleissólico	Horizonte glei ou mosqueados de oxidação e redução.
Latossólico	Horizonte B latossólico, características latossólicas.
Léptico	Contato lítico entre 50 e 100 cm.
Lítico	Contato lítico < 50 cm da superfície.
Luvissólico	B textural Ta.
Neofluvissólico	Caráter flúvico.
Nitossólico	B nítico e/ou características intermediárias para Nitossolos.
Organossólico	Horizonte hístico < 40 cm.
Petroplíntico	Caráter ou horizonte concrecionário e caráter ou horizonte litoplíntico.
Plácico	Horizonte plácico.
Planossólico	B textural com mudança textural abrupta e sem cores para B plânico ou B plânico em posição não diagnóstica para planossolos.
Plíntico	Caráter ou horizonte plíntico.

(Quadro 3.4 - conclusão)

Nomenclatura	Características associadas
Psamítico	Textura arenosa.
Rúbrico	Cárater rúbrico.
Sálico	Caráter sálico.
Salino	Caráter salino.
Saprolítico	Horizonte C ou Cr dentro de 100 cm e sem contato lítico dentro de 200 cm da superfície.
Sódico	Caráter sódico.
Solódico	Caráter solódico.
Térrico	Material mineral (A ou Cg) dentro de 100 cm da superfície.
Tiônico	Horizonte sulfúrico ou material sulfídrico.
Típico	Empregado para a classe que não apresenta características extraordinárias ou intermediárias para outras classes – representa o conceito central.
Vertissólico	Horizonte vértico – caráter vértico.

Fonte: IBGE, 2007.

3.2.5 Famílias

O 5º nível está relacionado às famílias de solos e não apresenta uma classificação estruturada até o momento. Esse nível categórico se destina a levantamentos de solos mais detalhados, embora nada impeça que muitas das características contempladas sejam empregadas em trabalhos de menor detalhe. Segundo a Embrapa (2006), as classes deverão ser definidas com base em "propriedades físicas, químicas e mineralógicas e em propriedades que refletem condições ambientais". O pesquisador deve agregar informações de caráter pragmático, para fins de utilização agrícola e não agrícola dos solos, destacando essas famílias por suas características mais homogêneas.

O uso de famílias não é obrigatório, deve ser definido sempre pelas especificidades requeridas pelo levantamento a ser feito. Sua categorização deve sempre seguir à do quarto nível e ser separado dele por vírgula. São definidas as seguintes características para o quinto nível:

- Grupamento textural.
- Subgrupamento textural.
- Distribuição de cascalhos no perfil.
- Constituição esquelética do solo.
- Tipo de horizonte diagnóstico superficial.
- Prefixos epi- e endo-.
- Saturação por bases.
- Saturação por alumínio.
- Mineralogia.
- Subgrupamento de atividade da fração argila.
- Teor de óxidos de ferro. (Embrapa, 2013, p. 261)

Essas características distintivas não são usadas para todo tipo de solo; por exemplo, para os organossolos utilizam-se diferenciações referentes à "natureza e textura do material subjacente ao material orgânico, como areia, silte, argila e origem dos sedimentos. Quando o material subjacente, dentro da seção de controle, for de constituição mineral, podem-se aplicar as características diferenciais utilizadas para solos minerais" (Embrapa, 2013).

3.2.6 Séries

O sexto nível também não se apresenta estruturado até o momento. Representa a categoria mais homogênea do sistema, correspondendo ao nível de série de solos, que deve ser utilizada em levantamentos detalhados. Conforme ressalta a Embrapa (2013, p. 266), a definição de classes nesse nível deve ter por base características "diretamente relacionadas com o crescimento das plantas, principalmente no que concerne ao desenvolvimento do sistema radicular, às relações solo-água-planta e às propriedades importantes nas interpretações nas áreas de Engenharia e Geotecnia".

Nesse nível categórico, devem ser utilizados nomes próprios para designação das séries, buscando sempre referenciar os solos aos lugares onde a série foi reconhecida e descrita pela primeira vez, evitando, assim, o emprego de um nome descritivo, o que causaria grande dificuldade de distinção em relação às famílias.

Na categorização das séries de solos, são utilizadas as seguintes características distintivas:

- Tipo, espessura e sequência dos horizontes.
- Estrutura.
- Cor, mosqueado.
- Drenagem interna do perfil [...].
- Substrato (natureza do substrato em solos rasos e pouco profundos).
- Textura (a classe textural de horizontes superficiais e subsuperficiais).
- Consistência.
- Características especiais pedogenéticas ou decorrentes do uso do solo, como compactação e adensamento. Compreendem características inerentes ao desenvolvimento pedogenético do solo ou

originadas a partir das práticas de uso e manejo. Nestes casos, incluem-se quaisquer características ou propriedades que tenham modificado o solo. Sugere-se utilizar termos adequados, adjetivados, para qualificar classes de solo neste nível categórico, por exemplo "dênsico", " compactado", "erodido" etc. Os prefixos epi- e endo- podem ser utilizados para especificar a posição de ocorrência das características especiais no perfil e separar classes neste nível categórico.

» Teor de matéria orgânica (por exemplo, caráter cripto-húmico).
» Porcentagem de fragmentos de rochas no solo.
» Relações proporcionais entre determinados componentes (por exemplo, a proporção da areia grossa em relação à areia fina, da areia muito fina em relação à areia fina) determinando diferenças de porosidade e de retenção de água.
» Atributos relacionados à disponibilidade de ar e água do solo. (Embrapa, 2013, p. 266)

Também este nível categórico se aplica apenas na especificidade do tipo de levantamento efetuado, e essas categorias não são universais a todos os solos. Novamente, em se tratando de solos orgânicos, há sugestão de considerar "espessura, classes de grau de decomposição e teor de fibras [...] dos horizontes ou camadas orgânicas, presença do lençol freático em relação à superfície do solo, profundidade de ocorrência e espessura do substrato mineral na seção de controle da classe e abundância de ocorrência de partes ou fragmentos (> 2 cm) de vegetais. Nessa fase de identificação e definição dos atributos do solo, almeja-se avaliar o grau de subsidência dos solos mediante o manejo agrícola, para os objetivos determinados pela engenharia ou geotecnia.

3.3 Levantamentos pedológicos

Os procedimentos para o estudo do solo que apresentaremos são orientados pelo SiBCS, uma vez que ele é base para os demais estudos aprofundados, e está de acordo com as escalas geográficas aplicadas. Além dos estudos preliminares e revisões bibliográficas, o trabalho de campo é parte considerável do processo de classificação, exigindo a combinação de técnicas, equipamentos, materiais e a percepção do profissional sobre o ambiente estudado. A seguir, especificaremos esses procedimentos.

3.3.1 Bases e critérios

Com vistas ao levantamento pedológico detalhado de determinada área, o SiBCS estabeleceu os níveis taxonômicos com base na subdivisão de famílias, segundo bases e critérios determinados para definição e conceituação de série.

Conforme Cline (1963), as *bases* são a ordem de considerações que governam a formação das classes de solos. Para o mesmo autor, os *critérios* são os elementos pelos quais as classes são diferenciadas na aplicação do sistema aos solos; isto é, atributos que distinguem as classes das demais de mesmo nível categórico – constituem as características diferenciais da classe.

A seguir, apresentamos as bases e os critérios envolvidos na conceituação e definição das classes de solos conforme definição da Embrapa (2006).

Argissolos

Grupamento de solos com B textural, e argila de atividade baixa ou alta associada a saturação por bases baixas ou caráter alítico.

Base

Evolução avançada com atuação incompleta de processo de ferralitização, em conexão com paragênese caulinítica oxidíca ou virtualmente caulinítica, ou hidroxi-Al entre camadas, na vigência de mobilização de argila da parte mais superficial do solo, e concentração ou acumulação em horizonte subsuperficial.

Critério

Desenvolvimento (expressão) de horizonte diagnóstico B textural vinculado a atributos que evidenciam a baixa atividade da fração argila ou o caráter alítico.

Cambissolos

Grupamento de solos pouco desenvolvidos com horizonte B incipiente.

Base

Pedogênese pouco avançada evidenciada pelo desenvolvimento da estrutura do solo, alteração do material de origem expressa pela quase ausência da estrutura da rocha ou da estratificação dos sedimentos, croma mais alto, matizes mais vermelhos ou conteúdo de argila mais elevado que os horizontes subjacentes.

Critério

Desenvolvimento de horizonte B incipiente em sequência a horizonte superficial de qualquer natureza, inclusive o horizonte A chernozêmico, quando o B incipiente deve apresentar argila de atividade baixa e/ou saturação por bases baixa.

Chernossolos

Grupamento dos solos com horizonte A chernozêmico, com argila de atividade alta e alta saturação por base, com ou sem acumulação de carbonato de cálcio.

Base

Evolução, não muito avançada, segundo atuação expressiva de processo de bissialitização, manutenção de cátions básicos divalentes, principalmente cálcio, conferindo alto grau de saturação dos coloides e eventual acumulação de carbonato de cálcio, promovendo reação aproximadamente neutra com enriquecimento em matéria orgânica, favorecendo a complexação e floculação de coloides minerais e orgânicos.

Critério

Desenvolvimento de horizonte superficial, diagnóstico, A chernozêmico, seguido de horizonte C, desde que cálcico ou carbonático, ou conjugado com horizonte B textural ou B incipiente, com ou sem horizonte cálcico ou caráter carbonático, sempre com argila de atividade alta e saturação por bases altas.

Espodossolos

Grupamento de solos com B espódico.

Base

Atuação de processo de podzolização com eluviação de compostos de alumínio com ou sem ferro em presença de húmus ácido e consequente acumulação iluvial desses constituintes.

Critério

Desenvolvimento de horizonte diagnóstico B espódico em sequência a horizonte E (álbico ou não) ou A.

Gleissolos
Grupamento de solos com expressiva gleização.

Base
Hidromorfia expressa por forte gleização, resultante de processos de intensa redução de compostos de ferro, em presença de matéria orgânica, com ou sem alternância de oxidação, por efeito de flutuação de nível do lençol freático, em condições de regime de excesso de umidade permanente ou periódico.

Critério
Preponderância e profundidade de manifestação de atributos que evidenciam gleização, conjugada à identificação de horizonte glei.

Latossolos
Grupamento de solos com B latossólico.

Base
Evolução muito avançada com atuação expressiva de processo de latolização (ferralitização ou laterização), resultando em intemperização intensa dos constituintes minerais primários, e mesmo secundários menos resistentes, e concentração relativa de argilominerais resistentes e/ou óxidos e hidróxidos de ferro e alumínio, com inexpressiva mobilização ou migração de argila, ferrólise, gleização ou plintitização.

Critério
Desenvolvimento (expressão) de horizonte diagnóstico B latossólico, em sequência a qualquer tipo de A e quase nulo, ou pouco acentuado, aumento de teor de argila de A para B.

Luvissolos

Grupamento de solos com B textural, atividade alta da fração argila e saturação por bases alta.

Base

Evolução, segundo atuação de processo de bissialitização, conjugada à produção de óxidos de ferro e mobilização de argila da parte mais superficial, e acumulações em horizonte subsuperficial.

Critério

Desenvolvimento (expressão) de horizonte diagnóstico B textural com alta atividade da fração argila e alta saturação por bases em sequência a horizonte A ou E.

Neossolos

Grupamento de solos pouco evoluídos, sem horizonte B diagnóstico definido.

Base

Solos em via de formação, seja pela reduzida atuação dos processos pedogenéticos ou por características inerentes ao material originário.

Critério

Insuficiência de expressão dos atributos diagnósticos que caracterizam os diversos processos de formação. Exígua diferenciação de horizontes, com individualização de horizonte A seguido de C ou R. Predomínio de características herdadas do material originário.

Nitossolos

Grupamento de solos com horizonte B nítico, com argila de atividade baixa ou caráter alítico.

Base

Avançada evolução pedogenética pela atuação de ferralitização com intensa hidrólise, originando composição caulinítica-oxídica ou virtualmente caulinítica, ou com hidroxi-Al entre camadas.

Critério

Desenvolvimento (expressão) de horizonte diagnóstico B nítico, em sequência a qualquer tipo de A, com pequeno gradiente textural, porém apresentando estrutura em blocos subangulares ou angulares, ou prismática, de grau moderado ou forte, com cerosidade expressiva nas unidades estruturais.

Organossolos

Grupamento de solos orgânicos.

Base

O conteúdo de constituintes orgânicos impõe preponderância de suas propriedades sobre os constituintes minerais.

Critério

Preponderância dos atributos dos constituintes orgânicos em relação aos minerais, espessura e profundidade em condições de saturação por água, permanente ou periódica, ou em elevações nos ambientes úmidos altimontanos, saturados com água por apenas poucos dias durante o período chuvoso.

Planossolos

Grupamento de solos minerais com horizonte B plânico, subjacente a qualquer tipo de horizonte A, podendo ou não apresentar horizonte E (álbico ou não).

Base

Desargilização vigorosa da parte mais superficial e acumulação ou concentração intensa de argila no horizonte subsuperficial.

Critério

Expressão de desargilização intensa evidenciada pela nítida diferenciação entre o horizonte diagnóstico B plânico e os horizontes precedentes A ou E, com transição abrupta, normalmente associada à mudança textural abrupta; ou com transição abrupta conjugada com acentuada diferença de textura do A para o B; restrição de permeabilidade em subsuperfície, que interfere na infiltração e no regime hídrico, com evidências de processos de redução, com ou sem segregação de ferro, que se manifesta nos atributos de cor, podendo ocorrer mobilização e sorção do cátion Na+.

Plintossolos

Grupamento de solos de expressiva plintitização com ou sem formação de petroplintita.

Base

Segregação localizada de ferro, atuante como agente de cimentação, com capacidade de consolidação acentuada.

Critério

Preponderância e profundidade de manifestação de atributos que evidenciam a formação de plintita, conjugado com horizonte diagnóstico subsuperficial plíntico, concrecionário ou litoplíntico.

> **Vertissolos**
> Grupamento dos vertissolos.
>
> **Base**
> Desenvolvimento restrito pela grande capacidade de movimentação do material constitutivo do solo em consequência dos fenômenos de expansão e contração, em geral associados à alta atividade das argilas.
>
> **Critério**
> Expressão e profundidade de ocorrência dos atributos resultantes dos fenômenos de expansão e contração do material argiloso constitutivo do solo.

É por meio da consideração dessas bases e critérios de diferenciação que se determina a classificação inicial dos solos, no primeiro nível, para o objetivo de levantamentos pedológicos.

3.3.2 Procedimentos de campo para classificação dos solos

O planejamento do trabalho de classificação de solos começa com a escolha da escala e dos procedimentos adequados para o nível de levantamento da situação ou demanda. Isso permite otimizar os trabalhos, de forma a obter todas as informações necessárias em nível cartográfico compatível e com o menor custo.

Conforme o IBGE (2007), de maneira geral, os seguintes passos devem ser seguidos quando se planeja inicar um levantamento de solos, para melhorar e evitar retrabalho desnecessário:

1. Levantar todas as informações existentes sobre os solos da área objeto do levantamento;

2. Avaliar a qualidade e quantidade das informações existentes, visando ao seu possível aproveitamento;
3. Definir o nível e a escala do levantamento em função da demanda de informações e da disponibilidade de sensores remotos;
4. Em caso de levantamentos generalizados (reconhecimento e exploratório), que normalmente são direcionados a grandes áreas:
    » Dimensionar a amostragem e os tipos de determinações analíticas, visando caracterizar os solos nos níveis categóricos mais elevados e intermediários do SiBCS;
    » Utilizar preferencialmente sensores orbitais, pois facilitam a visão conjunta da área, agilizando os trabalhos, além de serem de fácil obtenção e satisfazerem bem aos propósitos desses níveis de levantamentos.
5. Em caso de levantamentos de maior detalhe (semidetalhados, detalhados e ultradetalhados), normalmente direcionados a pequenas áreas:
    » Estes levantamentos geralmente requerem ou o uso de imagens orbitais de grande resolução, ou na maior parte das vezes fotografias aéreas. Considerar neste caso os custos para aquisição; e
    » O dimensionamento da amostragem deverá seguir o recomendado [anteriormente no Manual], sendo que os tipos de determinações analíticas devem procurar atender ao máximo a demanda de cada tipo de levantamento. (IBGE, 2007, p. 217)

A seleção da posição ou local na paisagem onde examinar, descrever e coletar os perfis de solo varia de acordo com os objetivos da análise, que podem ser diversos: identificar e caracterizar unidades de mapeamento para elaboração de mapas, estudar unidades taxonômicas, pesquisar gênese do solo, investigar problemas específicos em determinadas áreas, como manejo agrícola, fertilidade, construção de obras de engenharia. O levantamento de solos tem como propósito a caracterização da unidade de mapeamento e, por conseguinte, de seus solos representativos ou suas unidades taxonômicas.

Para tal, a amostragem do solo deve ocorrer nos pontos mais representativos dentro de cada unidade de mapeamento. Assim, deve-se buscar fazer a amostragem no centro da ocorrência de cada um desses pontos. "No caso de superfícies com relevo ondulado ou mais movimentado, deve-se evitar a proximidade de cursos de água, posicionando-se a amostragem no terço médio das encostas, que é onde o solo está mais íntegro, no que concerne aos desgastes erosivos" (IBGE, 2007).

Existem diversos procedimentos válidos para identificação e classificação. Em geral, algumas medidas e atitudes devem ser tomadas no campo para possibilitar as observações, por exemplo a execução de tradagens, trincheiras ou barrancos adequados de estradas (sem sinais de erosão ou de adição de materiais).

As tradagens são realizadas por instrumentos denominados *trados*. Muito utilizadas no estudo imediato do terreno, apresentam alguns inconvenientes como a destruição das unidades estruturais, impossibilitando a avaliação correta da estrutura, da cerosidade e da consistência nos estados seco e úmido. Esse procedimento permite examinar a cor, a textura e a consistência do solo no estado molhado.

Figura 3.1 – Instrumentos para tradagem

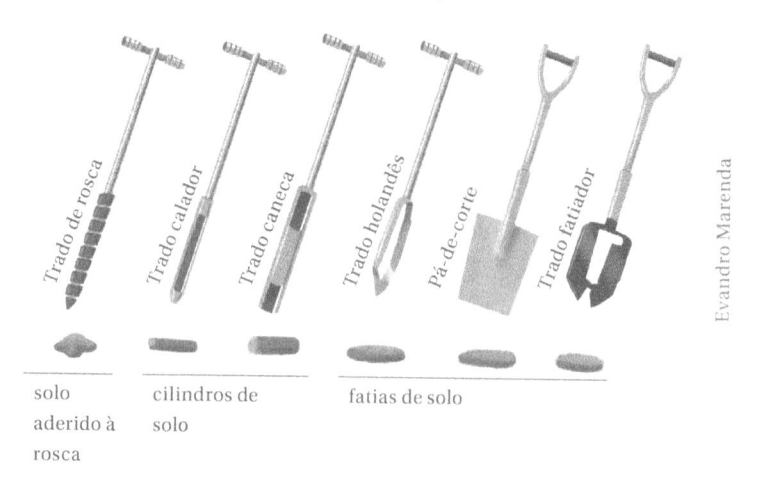

Trado de rosca | Trado calador | Trado caneca | Trado holandês | Pá-de-corte | Trado fatiador

solo aderido à rosca | cilindros de solo | fatias de solo

Evandro Marenda

Normalmente, para descrição e coleta de amostras, recomenda-se a abertura de trincheiras, com dimensões adequadas e profundidade suficiente, atingindo, sempre que possível, o material originário. Nesse caso, é preciso ter precaução para obter, pelo menos, uma face vertical que seja lisa e bem iluminada, a fim de exibir claramente o perfil. A superfície do terreno não deve ser alterada.

As trincheiras ou cortes de barrancos de estrada permitem examinar as características morfológicas dos perfis e suas unidades estruturais no seu estado natural. O maior cuidado necessário ter nessa operação é se certificar de que esse corte seja o mais fiel representante da unidade de estudo, evitando amostrar o solo em local onde foi adicionado material estranho.

No caso de estudo em barrancos de estrada, a recomendação é cavar entre 30 e 50 cm para dentro do barranco e em toda a extensão do perfil, para evitar que o ressecamento dessa face prejudique a avaliação da estrutura e da consistência nos estados seco e úmido.

É importante verificar se há boa luminosidade sobre toda a trincheira escolhida para garantir a visualização completa da separação dos horizontes. Em caso de muitos dias chuvosos, não é recomendável a observação, em razão da alteração significativa das características morfológicas como estrutura, consistências seca e úmida e cerosidade (se ocorrer).

Após separar os horizontes utilizando o canivete pedológico, o pesquisador faz a coleta de amostras de solo começando pelos horizontes ou camadas mais profundas, até os horizontes mais superficiais. É importante evitar a contaminação entre as amostras de horizontes com utilização de recipientes ou embalagens distintas. Assim, as amostras manterão sua base de cor, textura, estrutura, cerosidade (se ocorrer), consistência e transição entre horizontes.

A sequência para exame morfológico (descrição e coleta) do perfil deve seguir os seguintes passos:

1. Limpar e regularizar a parte do perfil a ser examinado. Essa regularização deve proporcionar o realce dos contrastes entre os diversos horizontes e possibilitar a tomada de fotografias.
2. Preparar o perfil para registro fotográfico e descrição morfológica.
3. Proceder à separação dos horizontes e/ou camadas do perfil.
4. Proceder à descrição da morfologia e das características físicas dos horizontes e/ou camadas (espessura, cor, textura, estrutura etc.).
5. Identificar os horizontes e/ou camadas e fazer a classificação do solo.

6. Proceder à coleta das amostras dos horizontes e/ou camadas.
7. Transcrever os dados para fichas apropriadas de campo.
8. Relacionar os tipos de análises necessários e eventuais características que necessitem ser mais bem definidas em laboratório. (IBGE, 2007, p. 219-220)

Se houver diferença textural visível entre os horizontes superficiais e subsuperficiais, deve-se verificar a possibilidade de a camada superior ser resultante de nova sedimentação ou coluviação (observando se há fragmentos grosseiros desarestados no perfil).

As **cores** das amostras de solos devem ser obtidas por comparação com os padrões constantes na carta de cores de Munsell e anotadas em português, seguidas das notações de matiz, valor e croma[ii]. São importantes para determinar a cor do horizonte ou camada a boa iluminação e o ângulo de incidência dos raios solares. No *Manual técnico de pedologia* (IBGE, 2007), recomenda-se:

> Ao examinar as cores de um perfil, observe as mesmas condições de iluminação para todas as amostras. Para tomada da cor com a amostra úmida, basta umedecer levemente a amostra indeformada e determinar sua cor por comparação com a carta de cores. Para o caso de amostra seca, destaca-se uma porção de um torrão seco do horizonte e compara-se com a carta.

---

ii. Para mais informações, consulte "Características morfológicas", em IBGE (2007).

Conforme IBGE (2007), "a **textura** do campo é analisada em amostra molhada, através da sensação de tato, esfregando-se a amostra entre os dedos após amassada e homogeneizada a areia dá sensação de atrito, o silte, de sedosidade e a argila, de plasticidade e pegajosidade". O manual (IBGE, 2007) ainda registra que "Os pedólogos, principalmente os mais experientes, conseguem estabelecer de forma bastante próxima a relação entre essas sensações e a proporção entre os diversos componentes granulométricos e assim definem em campo sua classificação de acordo com o triângulo textural".

Concluída a descrição o perfil de solo, deve-se proceder à coleta de amostras dos horizontes ou camadas do perfil. Elas devem ser acomodadas em recipientes apropriados, em sacos plásticos ou outras embalagens individualizadas. Na sequência, as amostras são encaminhadas ao laboratório para serem submetidas a análises, no menor espaço de tempo possível, para evitar alterações indesejáveis de suas características.

As amostras de solo são acondicionadas nas embalagens em quantidade de 2 a 5 kg. Então é feita etiquetagem, anotando-se em **caderneta pedológica** as respectivas profundidades dos horizontes (ou camadas) e o respectivo número do perfil. Quanto mais criteriosas, objetivas e precisas, mais as descrições auxiliam na identificação. Na descrição do solo, deve ser observada a natureza do material de origem – se coluvial (no todo ou em parte); aluvial (no todo ou em parte) ou alterado a partir da rocha local (solo residual). Em caso de dúvida, devem ser coletadas, sempre que possível, amostras de rochas nos locais de coleta de solos, para fins de esclarecimento.

Na identificação das amostras, aconselha-se a utilização de etiquetas que devem conter, basicamente:

a. **Designação do projeto** – Sigla do projeto/Instituição, identificação do(s) coletor(es); número da amostra, sequencial (1 a n) por projeto – posicionado após a identificação do(s) coletor(es) (este número corresponde ao horizonte ou à camada objeto da coleta).
b. **Número do perfil, amostra extra ou amostra de fertilidade** – Deve ser sequencial (1 a n) por projeto e por tipo de amostragem.
c. **Classificação** – Pode ser expressa de forma abreviada, contendo apenas a denominação do solo (sigla), seguida de sua textura – a ratificação ou retificação da classificação depende da interpretação das determinações analíticas.
d. **Horizonte/camada** – Com símbolo do horizonte ou da camada, seguido da profundidade (cm) em que foi efetuada a amostragem.
e. **Data da coleta**.

Conforme orienta o *Manual técnico de pedologia* do IBGE (2007), ao realizar um levantamento de solos, é fundamental fazer a sondagem de trabalho do tipo anteriormente desenvolvido na região, considerando também estudos dos demais componentes ambientais, como geologia, geomorfologia e vegetação. É recomendado, ainda, promover viagens intertemáticas, envolvendo profissionais de temas afins, com o objetivo de conhecer melhor as diversas interfaces por observação direta e com auxílio de recursos, como fotografia e filmagens.

Síntese

Neste capítulo, discorremos sobre as metodologias que fundamentaram as primeiras classificações de solos, inicialmente produzidas nos EUA e posteriormente adaptadas por demais pesquisadores de outras partes do mundo. No Brasil, a Embrapa aplicou-as em sua primeira classificação entre os anos 1950 e 1979. A partir desse período, novas adequações possibilitaram a criação de um Sistema Brasileiro de Classificação de Solos (SiBCS), que teve sua última versão publicada em 2013. Esse novo sistema taxonômico ficou definido como morfogenético, multicategórico, descendente, aberto e de abrangência nacional (Embrapa, 1981). Os níveis categóricos aplicados para o Sistema Brasileiro de Classificação de Solos são seis, na seguinte sequência: ordens; subordens; grandes grupos; subgrupos; famílias; séries. A classificação de solos deve levar em consideração a escala e os objetivos pretendidos, buscando sempre levantar o máximo de informações sobre o local de estudo, derivadas de revisões bibliográficas, levantamentos de campo, coletas de amostra ou estudos de laboratório.

Para saber mais

O SOLO. Parte 1. Brasil: Bravo Estúdio; Sinapse. 29 min. [S.d.]. Disponível em: <https://www.youtube.com/watch?v=goSKS5Dickg>. Acesso em: 26 set. 2016.

O SOLO. Parte 2. Brasil: Bravo Estúdio; Sinapse. 15 min 44s. [S.d.]. Disponível em: <https://youtu.be/BHrl0wIsiQE?t=7>. Acesso em: 26 set. 2016.

Tais vídeos, distribuídos pela empresa Sinapse e pela Bravo Estudios e publicados no YouTube em 6 de abril de 2012, destacam o solo em suas múltiplas relações com os seres vivos. O material foi composto em duas partes, nas quais se mostram as características, as funções e a relação do solo com os seres vivos e outros elementos da natureza. Outro tema é a sustentabilidade do meio ambiente. O estudo dos solos contribui para a análise geomorfológica, pois permite explicar a gênese dos processos de formação e sua associação às formas e processos nas vertentes derivadas das condições climáticas, biológicas e antrópicas.

> MARANHÃO, D. **Solos do Brasil**. Entrevista ao programa Conexão Ciência-Embrapa. Brasil: EBC – Empresa Brasileira de Comunicação; Embrapa – Empresa Brasileira de Pesquisa Agropecuária, 27 jan. 2015. Disponível em: <https://www.youtube.com/watch?v=EJYYhuXkn8Y>. Acesso em: 17 abr. 2017.

O programa *Conexão Ciência* publicou essa entrevista com Djalma Martinhão, pesquisador da Embrapa, sobre as causas e as práticas para combater a degradação dos solos. A entrevista teve por objetivo debater a temática do solo, uma vez que a Organização das Nações Unidas (ONU) declarou 2015 como o Ano Internacional do Solo. Um dos objetivos da ação da ONU é a conscientização sobre a proteção de solos produtivos. Degradação, perda de nutrientes, erosão e desertificação são problemas que afetam os solos e podem interferir na sua capacidade de produção.

Questões para revisão

1. As metodologias de classificação de solos surgiram nas academias e governos a partir dos anos 1950, consolidando os estudos sobre os primeiros grupos de solos e servindo de base para os sistemas nacionais. Sobre o desenvolvimento das primeiras classificações de solos, analise as afirmativas a seguir.
    I. Os trabalhos de Baldwin (1938) e Thorp e Smith (1949) representam as primeiras classificações apresentadas nos Estados Unidos.
    II. Os primeiros estudos dirigiram-se ao nível hierárquico de grandes grupos de solos.

III. O modelo americano não influenciou a classificação brasileira de solos, pois já na década de 1950 o país havia formulado seu sistema de classificação de solos.

IV. A partir da década de 1980, o Sistema Brasileiro de Classificação de Solos englobou novos critérios e conceitos e aplicou como base o mapa de solos FAO-Unesco.

Está(ão) correta(s) a(s) afirmativa(s):

a) I.
b) I, II e IV.
c) II, III e IV.
d) I, II, III, IV.
e) III.

2. A Nova Classificação Brasileira de Solos teve início em 1979 e seguiu a tendência de renovação do sistema americano, baseada em propriedades (atributos) e horizontes diagnósticos. Sobre esse novo sistema taxonômico, associe as características a suas respectivas definições:

I. Morfogenético
II. Multicategórico
III. Descendente
IV. Aberto
V. Abrangência nacional

( ) Baseia-se nos processos pedogenéticos, compreendendo atributos morfológicos, físicos, químicos e mineralógicos.

( ) Sistema que admite incorporação de novas classes que se tornem conhecidas e permite ajustamentos ou reformulações de conceituações.

( ) Estrutura do sistema que parte de classes de maior generalização para classes de menor generalização.

( ) Sistema que comporta hierarquização de várias categorias e coleções de classes, formando andares, segundo progresso de nível de abstração prevalente para reunião de solos em classes.

( ) Sistema que deve incluir novas acomodações taxonômicas de solos conhecidos no território brasileiro.

Assinale a alternativa que apresenta a ordem correta de preenchimento, da primeira à última definição:

a) I, IV, III, II, V
b) III, II, I, V, IV
c) II, V, I, III, IV
d) V, III, I, II, IV
e) I, II, III, IV, V

3. No Sistema Brasileiro de Classificação de Solos, são aplicados seis níveis categóricos. Associe cada um dos níveis categorias à descrição correspondente:

I. 1º nível categórico – ordens
II. 2º nível categórico – subordens
III. 3º nível categórico – grandes grupos
IV. 4º nível categórico – subgrupos
V. 5º nível categórico – famílias
VI. 6º nível categórico – séries

( ) A nomenclatura adotada para este nível empregou prefixos/termos consagrados em taxonomia de solos, com a terminação -(s)solo.

( ) Dividido por tipo e arranjamento dos horizontes, atividade de argila e presença de horizontes ou propriedades que afetam a água no solo.

( ) Não apresenta uma classificação estruturada até o momento, destinando-se a levantamentos de solos mais detalhados, com base em propriedades físicas, químicas e mineralógicas e em propriedades que refletem condições ambientais.

( ) Reflete a atuação de outros processos de formação que agiram com ou afetaram os processos dominantes que separam os solos no 1º nível categórico.

( ) Representa o conceito central da classe (é o exemplar típico) e também os solos com características extraordinárias.

( ) A definição de classes neste nível deve ter por base características diretamente relacionadas com o crescimento das plantas.

A sequência correta de preenchimento, da primeira à última descrição, é:

a) I, II, III, IV, V, VI
b) II, III, I, VI, V, IV
c) I, III, V, II, IV, VI
d) IV, V, VI, I, III, II
e) VI, V, IV, III, II, I

4. O SiBCS estabeleceu os níveis taxonômicos para fins de levantamento pedológico detalhado de determinada área com base na subdivisão de famílias segundo critérios e bases. Descreva cada um dos níveis do sistema.

5. (Epagri/Fepese/UFSC, 2006) Relacione as ordens de solo com seu conceito central.

Ordem de Solo:
1. Cambissolo
2. Neossolo
3. Latossolo
4. Organossolo
5. Argissolo

Conceito central:

( ) Solo mineral onde predomina o mecanismo de formação de solos remoção.

( ) Solo com presença de horizonte Bt, argila de atividade baixa e distrófico.

( ) Solo em estágio intermediário de intemperismo e presença de horizonte Bi.

( ) Solo hidromórfico sem desenvolvimento pedogenético.

( ) Solo raso sobre rocha; geralmente ocorre em região de relevo acidentado.

A sequência correta, da primeira à última ordem, é:

a) 1, 4, 2, 3, 5
b) 3, 2, 1, 5, 4
c) 3, 2, 5, 1, 4
d) 3, 5, 1, 4, 2
e) 4, 3, 1, 5, 2

Questão para reflexão

Leia o texto a seguir e resolva as questões propostas:

2015 é o Ano Internacional dos Solos

Marina Maciel, 15 jan. 2015.

Eleito como tema do ano de 2015 pela Organização das Nações Unidas (ONU), o solo é um dos materiais biológicos mais complexos do planeta. Leva mais de mil anos para formar dois centímetros de solo superficial, e apenas um punhado dele pode conter bilhões de micro-organismos.

A nomeação de 2015 como Ano Internacional dos Solos é uma tentativa da ONU de chamar atenção para a riqueza e a fragilidade do recurso, além de mobilizar a população para a importância de preservar e de recuperar os solos, devido ao desmatamento ou ao uso agrícola inadequado.

Os índices de degradação e contaminação do solo são alarmantes: 33% das terras do planeta estão degradadas, por razões físicas, químicas ou biológicas, estima a Organização das Nações Unidas para a Alimentação e a Agricultura (FAO). Sem o solo, ficaríamos sem ter o que comer e perderíamos um dos serviços ecossistêmicos vitais que sustentam nosso bem-estar econômico, social e ambiental.

A agenda de debate do tema é para o ano todo. Ao mesmo tempo em que negociadores climáticos estarão reunidos em dezembro deste ano, em Paris, para a Conferência das Partes sobre Mudanças Climáticas (COP21), cientistas de todo o mundo também se reunirão, em Dijon, na França, para a primeira Conferência Global sobre Biodiversidade dos Solos. Logo em seguida, será lançado o primeiro Relatório Estado dos Recursos do Solo Mundiais.

Para registrar tudo a respeito dessa celebração, a FAO lançou *site* em seis idiomas (árabe, espanhol, francês, inglês, japonês e russo). E listou seis fatos sobre solos saudáveis:

1. são a fundação para a vegetação, que é cultivada ou manejada para alimentação, fibra, combustível e produtos medicinais;
2. são a base da produção de comida;
3. sustentam a biodiversidade do planeta e abrigam um quarto do total;
4. ajudam a combater e a adaptar às mudanças climáticas ao ter papel fundamental no ciclo de carbono;
5. armazenam e filtram água, melhorando nossa resiliência a enchentes e secas;
6. é um recurso não renovável, o que torna sua preservação essencial para a segurança alimentar e para nosso futuro sustentável.

> O dia 5 de dezembro também foi instituído Dia Mundial do Solo, celebrado pela primeira vez em 2014. O seguinte vídeo, feito pela ONU para comemorar a data, mostra em pouco mais de um minuto por que é tão importante preservar o recurso:
>
> ONU BRASIL. 2015: Ano Internacional dos Solos. Disponível em: <https://www.youtube.com/watch?t=17&v=AemJTA14T24>. Acesso em: 8 ago. 2016.

Fonte: Marina Maciel/Abril Comunicações S/A. Publicada na Revista Planeta Sustentável.

a) Quais as principais fragilidades dos solos mundiais apresentadas no Ano Internacional do Solo?

b) Como a Organização das Nações Unidas para a Alimentação e a Agricultura (FAO) propõe a identificação de solos saudáveis?

c) Quais os principais impactos ambientais observáveis nos solos de seu município?

4 Impactos ambientais no solo

Conteúdos do capítulo:

» Impactos ambientais, erosão, controle e poluição do solo em áreas rurais e agrícolas.
» Aquecimento global, impactos e principais fontes de emissão de gases poluentes.
» Ações internacionais e mercado de trabalho.

Após o estudo deste capítulo, você será capaz de:

1. entender como ocorre o processo e o controle de erosão do solo nos espaços rurais e urbanos;
2. detalhar a dinâmica do aquecimento global e suas principais formas de emissão;
3. verificar as principais ações dos diversos organismos internacionais, do poder público, da comunidade, das organizações não governamentais (ONGs) e da sociedade civil organizada.

Neste capítulo, apresentaremos o que é e como ocorre a erosão do solo, bem como os processos erosivos, a suscetibilidade do solo à erosão e o impacto agrícola e ambiental, expondo de forma sucinta como é feito o controle da erosão.

Em um segundo momento, abordaremos o conceito de *poluição do solo* e como as atividades agrícolas e industriais impactam os solos. Trataremos também do processo de recuperação de solos poluídos e contaminados em ambientes urbanos e rurais.

Para finalizar, versaremos sobre o aquecimento global, as principais fontes de emissão de gases relacionados a ele, e seus impactos e principais ações amplamente discutidas por organismos internacionais, poder público, comunidade científica e sociedade civil organizada na busca de soluções efetivas no combate ao problema. Esclarecermos que entre os desdobramentos desse fenômeno, abordaremos somente aqueles relacionados ao solo.

4.1 Erosão do solo, processo erosivo e suscetibilidade do solo à erosão

Vários são os problemas ambientais pelos quais o planeta Terra passa atualmente e, sem dúvida, a erosão é um deles, comprometendo a qualidade e a quantidade da produção de alimentos (Vitte; Guerra, 2007).

Existem diferentes formas de conceituar *erosão*. Na literatura, encontramos inúmeras definições, como em Suguio (2002); Oliveira (1987); e Lepsch (2002). O termo *erosão* vem do latim *erodere*, que significa "corroer".

Basicamente, o conceito refere-se ao fenômeno de desgaste da superfície e arrastamento das partículas do solo por agentes tais como água das chuvas (hídrica), ventos (eólica), gelo (mudanças de temperatura) ou outro agente geológico, incluindo processos como o arraste gravitacional. Além da ação dos ventos, das chuvas, da gravidade e das características do terreno, a ação antrópica influi continuamente na superfície do terreno, em diversas escalas, e representa um dos principais agentes naturais de transformação fisiográfica da paisagem (Barbosa, 2010).

Suguio (1998, p. 276) define erosão como

> um conjunto de processos que atuam na superfície terrestre, levando à remoção de materiais minerais e rochas decompostas. Quando a água constitui o agente essencial, o processo de dissolução torna-se muito importante. Os principais agentes de remoção física e transporte durante os processos de erosão são os seguintes: eólico, fluvial, marinho e glacial.

Ainda segundo Suguio (2002), Oliveira (1987), e Lepsch (2002), são vários os tipos de erosão, incluindo os citados anteriormente: erosão acelerada, erosão elementar, erosão eólica, erosão fluvial, erosão glaciária, erosão marinha e erosão pluvial e hídrica. Contudo, é importante destacarmos que alguns autores consideram a erosão apenas como o trabalho mecânico de destruição exercido pelas águas correntes, carregadas de sedimentos.

Nesta obra, adotamos o conceito de Oliveira (1987, p. 199), que define a erosão como "conjunto de um processo natural que compreende o intemperismo, a dissolução, a abrasão, a corrosão e o transporte que remove material de qualquer parte da superfície da terra". Então, a superfície da terra é coberta por solos que são formados por um processo permanente de alteração das rochas e transformação pedogenética comandado por agentes físicos, químicos e orgânicos.

A erosão pode ser definida também como um processo de degradação do solo que pode ocorrer em qualquer lugar do planeta – nas regiões tropicais úmidas, pode ser causada pela ação erosiva da água; nas regiões semiáridas, pelos ventos. Ela pode provocar a perda total do solo e ocasionar danos ambientais nos cursos de água, pela deposição das partículas de solo nos rios. Duas são as fases do processo de erosão do solo: (1) a remoção (*detachment*) de partículas e (2) o transporte desse material, efetuado pelos agentes erosivos. Para Guerra e Cunha (1995), uma terceira fase ocorre quando a energia não é suficiente para que o transporte tenha continuidade, o que vem a ser a deposição do material transportado. Os autores ainda destacam que os processos resultantes da erosão pluvial estão profundamente relacionados aos inúmeros caminhos tomados pela água da chuva, na sua passagem pela cobertura vegetal, e ao seu movimento na superfície do solo.

Para Thornes (1980, citado por Guerra; Cunha, 1995) –, os mecanismos dos processos erosivos básicos variam tanto no espaço quanto no tempo. A erosão ocorre quando as forças que removem e transportam materiais extrapolam aquelas que tendem a resistir à remoção. A espessura do solo pode estar relacionada ao controle das taxas de produção (intemperismo) e remoção (erosão) de materiais. Em ambientes nos quais os efeitos desses dois grupos de processos são iguais, existe uma disposição de a espessura do solo permanecer a mesma ao longo do tempo.

Lembrete

Os tipos de solo determinam a suscetibilidade dos terrenos à erosão e à erodibilidade, ou seja, a menor ou maior facilidade de os solos serem erodidos.

Para Guerra e Cunha (1995), os processos erosivos considerados básicos ajudam a compreender como a erosão ocorre e quais são suas consequências. Uma análise da erosão dos solos, como um problema agrícola, depende não apenas da compreensão das taxas de perda do solo, mas também do quanto ainda está disponível para a agricultura. Isso é uma função da espessura original do solo e do balanço entre produção e remoção de sedimentos.

Como a superfície da Terra está em constante mudança, os rios, os ventos, as geleiras e as enxurradas das chuvas são responsáveis por transportar e depositar continuamente as partículas do solo. Esse fenômeno é denominado *erosão geológica* ou *erosão natural*. A descrição desse lento processo:

> Foi por intermédio de vagarosos processos materiais que foram esculpidos os vales e depositados os sedimentos nas planícies dos rios. Em seu estado natural, a vegetação cobre o solo como um manto protetor, o que faz sua remoção, na maior parte da superfície da Terra, ser muito lenta e, portanto, compensada pelos processos de formação do solo. Dessa forma, esse desgaste erosivo é equilibrado por contínuas renovações e, assim, a vida na Terra vem sendo mantida por milhões de anos. (Lepsch, 2011, p. 409)

Contudo, ainda segundo esse autor, em muitos momentos o homem, no processo de cultivo da terra, rompe esse equilíbrio. Isso porque, ao longo da história, esse processo nem sempre deu lugar a um novo sistema ecológico sustentável, seja de pastagens, seja de lavouras. Se observarmos o território brasileiro, muitas são as regiões que, em outros momentos, eram ricas e produtivas e nas quais a intensificação da agricultura, somada ao aumento descontrolado da população, acelerou a erosão do solo, ocasionando uma redução drástica da capacidade de produção. A erosão acelerada ocorre quando, nas áreas de cultivo, se retira a cobertura vegetal e se revolve a camada mais superficial de solo. Esse processo é feito sem cuidado, gerando de forma antecipada a remoção dos horizontes superficiais.

Os sinais que revelam o desgaste do solo são facilmente identificados, mas as consequências são difíceis de perceber. A aceleração do ritmo da erosão produz, na concepção de Lepsch (2002), condições anormais bastante notáveis: "voçorocas, pomares com árvores raquíticas e raízes expostas, barreiras caídas em estradas, caminhos profundos nas pastagens, entulhamento de reservatório de água, águas turvas ou barrentas nos rios e inundações em campos e cidades ribeirinhas" (Lespsch, 2002, p. 249). Além disso, há o arraste dos solos, adubos e agrotóxicos para as águas fluviais e lacustres, que acarreta a mudança da microflora aquática e, consequentemente, da fauna, com graves prejuízos. Em síntese, a erosão acelerada, além de depauperar o solo, agrava a poluição das águas, muitas vezes já sobrecarregadas com os esgotos das cidades.

Figura 4.1 – Voçoroca

A voçoroca é o estágio mais avançado e complexo de erosão. Seu poder destrutivo local é superior ao das outras formas de erosão, e portanto, de mais difícil contenção.

Delfim Martins/Pulsar Imagens

É necessário destacar que o processo erosivo depende de uma série de fatores controladores. Segundo Guerra e Cunha (1995), esses fatores podem ser: erosividade da chuva, propriedades do solo, cobertura vegetal e características das encostas. A ação dos fatores descritos subsidia os mecanismos de infiltração de água no solo, armazenamento e escoamento em superfície e subsuperfície. Em paralelo a esses processos, as gotas de chuva podem formar crostas na superfície dos solos, o que acelera, segundo os autores, os processos de escoamento superficial, afetando igualmente as taxas de erosão.

A erosão, na concepção de Bertoni e Lombardi Neto (1990), é "um dos maiores inimigos da terra, pois, ao arrastar as camadas superiores do solo agricultável, retira importantes quantidades de nutrientes até então concentrados, empobrecendo o solo e provocando assim sua depreciação". A erosão acelerada como processo de desgaste, transporte e deposição das partículas do solo é motivada por diferentes tipos de agentes, destacando-se no contexto tropical a ação da água de escoamento superficial e dos ventos, e resulta em impactos ambientais, em especial o comprometimento dos cursos de água e o já citado empobrecimento dos solos.

Em muitas regiões do Brasil, os sinais de erosão acelerada do solo são visíveis, apesar da vastidão de seu território e de ainda não estar sujeito à grande demanda de alimentos por excesso de população. Contudo, para Lepsch (2002), valendo-se da abundância de terras para explorar, a agricultura brasileira caminha descuidadamente rumo ao oeste e ao norte em busca de novas terras e deixa em seu roteiro inúmeros sinais de depauperamento pela erosão. O café é um dos exemplos desse tipo de agricultura que caminhou sempre em busca de terras virgens, começando nos estados do Espírito Santo, Rio de Janeiro, São Paulo e no oeste do Paraná.

> Muitos solos foram assim empobrecidos, vários dos quais até hoje não foram recuperados, como os das regiões montanhosas do Vale do Paraíba. [...] Alguns agricultores e pecuaristas não percebem, e consideram natural essa remoção das finas lâminas do solo. Se não forem adotadas medidas de controle da enxurrada pelo agricultor, essa ação erosiva continuará a atuar, e provocará o aparecimento de sulcos. (Lepsch, 2002, p. 191-192)

Há, inclusive, agricultores de regiões do país, em que ocorrem terrenos pedregosos, que dizem que "as pedras crescem", sem perceber que foi a retirada das camadas superficiais de solo que deixou as rochas à mostra. O autor ainda informa que a maior ou menor suscetibilidade de um terreno à erosão pela água depende de uma série de fatores. Sendo assim, a erosão nos solos brasileiros é bastante diversificada nas cinco regiões do país, conforme o tipo de solo de determinado espaço geográfico, o clima da região, a declividade do terreno e o manejo do solo, como pode ser observado no Mapa 4.1, que apresenta a suscetibilidade dos solos à erosão hídrica.

> A susceptibilidade natural dos solos à erosão é uma função da interação entre as condições de clima, modelado do terreno e tipo de solo. Da análise da interação destes fatores e a partir de estimativas experimentais de perdas de solo, foi possível estabelecer cinco classes de suscetibilidade à erosão das terras do país. Assim, as classes muito baixa e baixa englobam tanto os solos de baixadas, hidromórficos ou não, como aqueles de planalto, muito porosos, profundos

e bem drenados, todos localizados em relevo plano. Em condições mais favoráveis ao desenvolvimento de processos erosivos, destacam-se solos comumente arenosos ou com elevada mudança de textura em profundidade, bem como aqueles rasos, localizados, em geral, em relevos dissecados, configurando classes de suscetibilidade à erosão média, alta ou muito alta. (Santos; Drummond Câmara 2002, p. 49)

Mapa 4.1 – Mapa de suscetibilidade dos solos à erosão hídrica

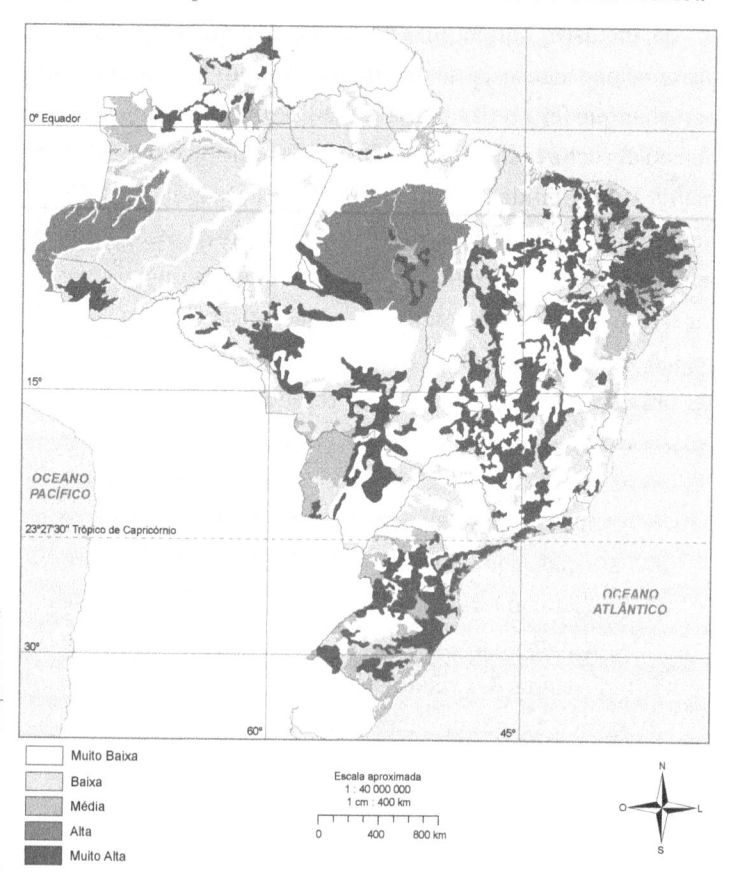

Fonte: Santos; Drummond Câmara, 2002.

Com base em Santos e Drummond Câmara (2002), concluímos que 65% das terras brasileiras podem ser consideradas como de moderada a baixa suscetibilidade à erosão, o que se expressa, entretanto, de forma diversa nas diferentes regiões. Os níveis de suscetibilidade na Região Norte são baixos nas várzeas do Rio Amazonas e seus afluentes, bem como nos baixos platôs, onde se desenvolvem solos argilosos ou muito argilosos, muito profundos, porosos, geralmente em relevo plano. Já na Região Nordeste do Brasil, 33% das terras apresentam suscetibilidade muito baixa e baixa, 34% média e 33% têm classes de suscetibilidade alta e muito alta. Solos como os neossolos quartzarênicos, litólicos e regolíticos são os que apresentam maior potencial à erosão em virtude da presença de conteúdos significativos de areia, associados, em alguns casos, a relevos dissecados.

Lembrete

Embora as chuvas no semiárido nordestino sejam de baixa duração e frequência, sua elevada intensidade em alguns locais favorece o escoamento superficial, a desagregação e o transporte dos solos, mesmo em relevos mais aplainados. Solos como os luvissolos, em geral com maiores conteúdos de argila e em relevos bastante dissecados, representam as terras com elevada suscetibilidade à erosão. Já áreas expressivas de latossolos – cerca de 30% da região – são representativas das terras com baixa suscetibilidade à erosão. A ocorrência de horizontes superficiais arenosos, bem como o aumento do teor de argila em profundidade, torna os argissolos e planossolos medianamente suscetíveis à erosão nas condições climáticas próprias da região.

A Região Centro-Oeste apresenta:

> cerca de 70% de seus solos com suscetibilidade variando de muito baixa a média, decorrente, em termos gerais, da dominância de relevos aplainados do planalto central brasileiro, associados a solos profundos e bem drenados, como os latossolos. O restante das terras (30%) corresponde, em geral, aos solos com elevados conteúdos de areia, como os neossolos quartzarênicos e alguns latossolos de textura média, os quais apresentam fraca estruturação e são facilmente carregados pelas águas da chuva, mesmo em relevo relativamente plano. Ressalta-se a ocorrência, nessa região, de severos processos erosivos, como as voçorocas nas terras situadas próximas às linhas de drenagem, resultado da conjugação de solos muito friáveis e relevo mais movimentado [...]. (Santos; Drummond Câmara, 2002, p. 49-50)

Na Região Sudeste, predominam solos com baixa suscetibilidade à erosão (46%):

> Semelhante à da região Centro-Oeste, a ocorrência expressiva de latossolos em relevos aplainados, com elevados conteúdos de argila – bem estruturados, condicionam a baixa suscetibilidade à erosão. Entretanto, 40% da região apresentam terras muito susceptíveis à erosão, decorrência de relevos mais acidentados e/ou a solos com elevados conteúdos de areia ou significativa diferença textural em profundidade [...]. (Santos; Drummond Câmara, 2002, p. 50)

Para finalizar, na Região Sul predominam solos com alta e muito alta suscetibilidade a processos erosivos dada a presença significativa de solos rasos: "como os cambissolos e neossolos litólicos, ou mesmo mais profundos, como os argissolos, todos localizados em relevos acidentados das serras e planaltos sulinos. Os solos com suscetibilidade muito baixa e baixa perfazem 29% da região, geralmente associados aos planaltos e planícies sedimentares de relevos aplainados, onde ocorrem latossolos e planossolos, respectivamente" (Santos; Drummond Câmara, 2002, p. 50). Com suscetibilidade média, aparecerem os alissolos, nitossolos e chernossolos, em relevo movimentado.

Cabe destacarmos que os prejuízos sociais e ambientais gerados pela erosão são enormes, uma vez que: reduzem a capacidade produtiva das terras; acarretam o aumento dos custos de produção e, consequentemente, a diminuição do lucro dos produtores; e interferem na permanência da atividade agrícola.

4.1.1 Impacto agrícola e ambiental da erosão

A Embrapa publicou, em 2003, o documento *Práticas de conservação do solo e recuperação de áreas degradadas* (Wadt, 2003, p. 9), no qual afirma-se:

> A modificação dos sistemas naturais pela atividade humana origina as chamadas "áreas alteradas", que, podem ter sua capacidade de produção melhorada, conservada ou diminuída em relação ao sistema. Assim sendo, a alteração de uma área não significa necessariamente sua degradação. Contudo, se essa alteração ocorre juntamente com a processos que

levam à perda de capacidade produtiva do sistema, diz-se que as áreas estão degradadas. Normalmente, o processo de degradação das terras está relacionado à própria degradação dos solos, embora outros fatores, como a prática de manejo inadequada, também possam ocasioná-lo.

Os processos que levam à degradação dos sistemas de produção são muitos e variados e geralmente são classificados em duas grandes fases: (1) degradação agrícola e (2) biológica.

A **degradação agrícola** é o processo inicial no qual o sistema apresenta perda da produtividade econômica do solo, com desequilíbrio pela ausência de ações no sentido de mantê-lo no ponto ideal de controle das ervas daninhas e de agentes bióticos adversos (fitopatógenos, pragas), resultando em menor produção da cultura principal. Nessa situação, não há necessariamente uma perda da capacidade do solo em sustentar o acúmulo de biomassa, porém, haverá perdas devido à redução do potencial de produção das plantas cultivadas. [...]

A **degradação biológica** consiste no processo final no qual há intensa diminuição da capacidade de produção de biomassa vegetal e é provocada, primariamente, pela degradação dos solos, ocasionada por diferentes processos que conduzem à perda de nutrientes e de matéria orgânica, e ao aumento da acidez ou da compactação. É nessa fase que os processos erosivos tornam-se evidentes. (Wadt, 2003, p. 12, grifo nosso)

Lembrete

Na Rio-92, os participantes chegaram ao consenso de que a "humanidade é a maior responsável pelo comprometimento da qualidade ambiental e que as novas fronteiras para a exploração agrícola estão cada vez mais escassas" (Lepsch, 2002, p. 162). No fórum mundial, foram amplamente discutidas e divulgadas as questões relacionadas às crescentes necessidades de proteção ambiental e à falta de solos férteis. Ficou evidente que a questão ambiental ultrapassa os meios científicos, devendo ser atendida nos programas governamentais e no dia a dia das populações em geral.

4.1.2 Controle de erosão

No Brasil, muitos são os problemas relacionados à erosão do solo, sendo que alguns solos são mais suscetíveis que outros. Os arenosos, sobretudo os finos, secos, ácidos, pouco coesivos, coluviais e porosos, são os mais propícios a esse fenômeno. Além dessa suscetibilidade, outros fatores influenciam no controle do problema: topografia, profundidade, permeabilidade, textura, estrutura e fertilidade do solo. A **topografia** tem grande influência nos processos erosivos, pois o tamanho e a quantidade de material transportado são resultado do grau de declividade do terreno, que, consequentemente, determina a velocidade com que o material é arrastado. Quanto à **profundidade**, solos profundos favorecem o armazenamento de água e o desenvolvimento agrícola. O solo considerado raso tem uso agrícola dificultado. Quanto à **permeabilidade**, quanto mais próxima da superfície estiver a camada impermeável, menos água será necessária para saturá-la, e o excedente influenciará diretamente nos processos erosivos, devido ao escoamento superficial. **Estrutura** e **textura** são determinadas pelo tipo de partículas (areia, silte e argila) distribuídas no solo, na sua forma e agregação. Quanto à **fertilidade**, a composição química influencia na cobertura vegetal da superfície.

De acordo com Magalhães (2001, p. 4), "o homem é a principal causa do processo erosivo. Desde o impacto inicial do desmatamento, há uma ruptura no equilíbrio natural do meio físico. Como consequência das ações humanas, a erosão natural cede espaço à erosão acelerada.

> Nas áreas rurais, os diagnósticos baseiam-se em métodos que estabelecem a capacidade de uso do solo, indicando manejos adequados, além de orientações pertinentes ao tamanho da propriedade, rede de estradas e outras formas de intervenção humana. Nas áreas urbanas, principalmente em zonas de crescimento, são realizados estudos de caso objetivando contenção de erosões, recuperação de áreas afetadas e definição de condições favoráveis ou não à expansão urbana. Partindo de uma legislação de uso e ocupação do solo, é possível obter uma movimentação de terra adequada e planejada, acompanhada de obras de proteção e drenagem das águas que minimizem os efeitos da erosão. (Magalhães, 2001, p. 4)

Independentemente do tipo de solo, no Brasil, as técnicas usadas no combate à erosão ainda não estão totalmente desenvolvidas. Apesar disso, para muitos autores, a melhor forma de conter a erosão é por meio da prevenção. Magalhães (2001) defende que, em qualquer atividade ligada ao uso do solo, as medidas preventivas necessitam de planejamento antecipado.

Na concepção de Magalhães (2001), citando Carvalho et al. (2001), quando conhecidos os principais processos erosivos desencadeados pela ação da água fica fácil estabelecer medidas preventivas em meio rural, em meio urbano e na execução de obras de engenharia, tais como a implantação de rodovias, aeroportos, hidrovias e lagos de estabilização.

No meio rural, a prevenção de erosões passa pelo planejamento do uso do solo. Isso significa uma análise conjunta que abranja: a erosividade das chuvas, incluindo-se aí o fator vento; a erodibilidade do solo; e finalmente dos fatores moduladores, como tipo de cobertura vegetal existente ou de plantio, técnica de manejo e características geológicas, geomorfológicas, hidrológicas e hidrogeológicas. No entanto, muitos dos fatores, na concepção de Magalhães (2001), são comuns a determinada região e como tal devem fazer parte da política de orientação e preservação ambiental gerida pelo Estado.

Já no meio urbano, a etapa principal para o controle de erosão, também chamada de *projeto de prevenção à erosão urbana*, consiste no estabelecimento de bases adequadas para a ocupação de espaços urbanos, de tal forma que se eliminem as distorções existentes, para que o crescimento urbano não determine novos processos erosivos (Magalhães, 2001).

Para Carvalho, Lima e Mortari (2001, p. 6):

> o planejamento do uso do solo em uma região constitui um meio de ativar um controle global dos processos erosivos, já que se pressupõe que um plano indicará as áreas mais adequadas para os diversos tipos de ocupação (urbana, industrial, agrícola, extrativa), o que, direta e indiretamente, contribuirá para uma segurança maior em relação ao potencial da erosão.

Conforme Lima (2010), reduzir a agressividade do agente erosivo e da capacidade de transporte do escoamento são formas importantes de intervenção de controle – para alcançar esses objetivos, recorre-se a técnicas físicas, vegetativas e de retenção. Mas, afinal, o que são as técnicas físicas, vegetativas e de retenção? Para o autor, as chamadas *técnicas físicas* são as intervenções que visam alterar a morfologia do terreno para reduzir o caudal do escoamento e, consequentemente, o transporte de partículas; a técnica também inclui as práticas de conservação do solo. Já as chamadas *técnicas vegetativas* consistem na colocação de cobertura vegetal para diminuir o impacto das precipitações e permitir, por meio das raízes das plantas, a infiltração da água, facilitando, assim, sua absorção. E a última, conhecida como *técnica de retenção*, é realizada por meio da construção de açudes para desacelerar o escoamento da água e reter as cargas sólidas transportadas.

No meio rural, com técnicas simples e de fácil adoção, o produtor pode evitar transtornos de erosão em sua propriedade. Uma das formas de fazê-lo é o sistema de plantio direto (SPD). Nesse sistema, o produtor não revolve a terra antes do plantio, adota a rotação de culturas e aproveita a palhada da cultura anterior como cobertura do solo. Todas essas técnicas, além de proteger contra a erosão, tornam o solo mais fértil.

A preservação do solo também pode ser feita com base em práticas conservacionistas, com as quais, como apresenta Lepsch (2011, p. 430), pode-se cultivar o solo sem depauperá-lo de forma significativa, quebrando, assim, um aparente conflito ecológico que existe entre a agricultura do homem e o equilíbrio do meio ambiente. Essas práticas fazem parte da tecnologia moderna e permitem controlar a erosão, reduzindo-a a proporções insignificantes, ainda que não a anulem completamente.

É fundamental destacarmos que, entre outras vantagens, as práticas conservacionistas evitam o impacto da chuva e o escoamento das enxurradas. Assim, Lepsch (2002) afirma que, evitando as enxurradas, a água das chuvas mais fortes infiltra-se no solo, enriquecendo os mananciais subterrâneos e, não havendo o escoamento súbito, os rios não são perigosamente sobrecarregados, evitando inundações dos campos de cultivo e de cidades.

As práticas conservacionistas, ainda na concepção de Lepsch (2002), são extremamente benéficas, uma vez que proporcionam tranquilidade tanto no campo como na cidade. Conhecer o solo é essencial para executá-las. Em outras palavras, para conservar o solo, é preciso saber como ele é constituído e também como se formou.

Além das já citadas, é necessário que o produtor adote práticas de controle que evitem o acúmulo de água e a formação de enxurradas. Para isso, é essencial escolher culturas adaptadas ao clima da região e fazer análises do solo para adicionar corretivos, se necessário.

Existem muitos meios de conservar o solo, os quais, para efeito didático, podem ser classificados em três grupos representados por:

1. práticas de caráter edáfico;
2. práticas de caráter mecânico;
3. práticas de caráter vegetativo.

As **práticas de caráter edáfico** buscam preservar e aumentar a fertilidade do solo, especialmente com relação à disponibilidade de nutrientes para as plantas. Sendo assim, há três princípios básicos que fundamentam essas medidas: eliminação ou controle das queimadas, adubações (incluindo calagem) e rotação de culturas (Rodrigues, 2009), como pode ser verificado na Figura 4.2.

Figura 4.2 – Práticas de caráter edáfico

1 Eliminação ou controle das queimadas.
2 Adubações (incluindo a calagem).
3 Rotação de culturas.

Procura manter e melhorar o solo

Alternância

Figura 4.3 – Exemplo de prática de caráter edáfico: adubação

Stacy Newman/Shutterstock

Regras de formação das coberturas multifuncionais nos sistemas PD

Exemplo da zona tropical úmida do Brasil central – florestas e cerrados

REGRA 1
Integrar 1 cultura comercial no conjunto para cobrir os custos de implantação e gestão das coberturas

REGRA 2
Associar espécies com funções agronômicas complementares gratuitas
» Fixação N, reciclagem rápida
» Reestruturação, sequestro C, injeção profunda C, descompactação
» Reciclagem profunda de nutrientes, fechamento de sistema solo-culturas
» Controle natural de invasores e predadores

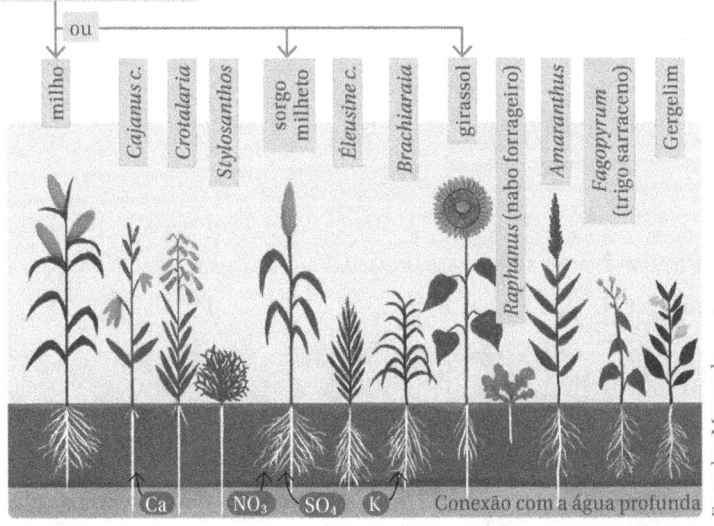

ou

milho | *Cajanus c.* | *Crotalaria* | *Stylosanthos* | sorgo milheto | *Eleusine c.* | *Brachiaraia* | girassol | *Raphanus* (nabo forrageiro) | *Amaranthus* | *Fagopyrum* (trigo sarraceno) | Gergelim

Ca NO₃ SO₄ K   Conexão com a água profunda

Evandro Marenda

REGRA 3
Operacionalidade técnico-econômica

SEMENTES PEQUENAS PREFERENCIALMENTE
- Pequena Q plantio/ha
- Pequena superfície imobilizada para sua reprodução
- Grande superfície semeada com poucas sementes
- Baixo custo de produção

Fonte: Séguy; Bouzinac, 2008.

As **práticas de caráter mecânico** dizem respeito ao trabalho de conservação do solo com a utilização de máquinas. Algumas alterações são feitas no relevo, procurando corrigir os declives muito acentuados pela construção de canais ou patamares em linhas de nível, os quais interceptam as águas das enxurradas, forçando-as a se infiltrarem no solo em vez de escorrerem (Lepsch, 2002), como podemos verificar na Figura 4.4.

Figura 4.4 – Práticas de caráter mecânico

1 – Construção de canais ou patamares em linhas de nível.
2 – Terraços do tipo camalhão e estruturas para desvio e infiltração que escoam das estradas.

Execução de estruturas com a finalidade de controlar o escoamento superficial das águas e facilitar sua infiltração

Figura 4.5 – Exemplo de prática de caráter mecânico: curvas de nível

Pmnart/Shutterstock

Outras práticas mecânicas de conservação do solo referem-se ao preparo do solo e plantio em curvas de nível, aos terraços do tipo camalhão e às estruturas para desvio e infiltração das águas que escoam das estradas.

> O preparo do solo e o plantio em curvas de nível, também chamado de *semeadura em contorno*, consistem em executar todas as operações de cultivo no sentido perpendicular às maiores pendentes. Assim, cada uma das fileiras de plantas age como pequenos sulcos e montículos de terra, que as máquinas cultivadoras deixam na superfície, compondo obstáculos que interceptam a enxurrada. O plantio em contorno é uma prática que, além de ser uma medida simples de controle da erosão, facilita a adoção de outras práticas complementares de caráter vegetativo. (Lepsch, 2002, p. 200)

Outra prática eficiente no controle da erosão é o **terraceamento** (Figura 4.6). Deve ser bem planejado e executado e receber manutenção adequada, pois se mal planejados pode trazer mais estragos do que benefícios.

Figura 4.6 – Construção de terraceamento

Marco Antonio Sa/kino.com.br

As **práticas de caráter vegetativo**, segundo Lepsch (2002), visam controlar a erosão pelo aumento da cobertura vegetal do solo. O autor destaca como principais práticas de caráter vegetativo: "reflorestamento, formação e manejo adequado de pastagens, cultivos em faixas, controle das capinas, faixas de árvores formando quebra-ventos e cobertura do solo com palha (*"mulch"*) ou acolchoamento" (Lepsch, 2002, p. 202).

Figura 4.7 – Práticas de caráter vegetativo

1 – Plantas de cobertura
2 – Culturas em faixas
3 – Quebra-ventos
4 – Reflorestamento
5 – Cobertura do solo com palhas ou acolchoamento

Utiliza-se a cobertura vegetal como critério de contenção de erosão.

Figura 4.8 – Exemplos de práticas de caráter vegetativo: quebra-ventos

Lepsch (2002) ainda defende que as práticas de caráter vegetativo citadas são muito efetivas no controle da erosão e se baseiam no princípio de melhor cobrir o solo, com árvores, folhagens ou resíduos vegetais, imitando assim a natureza. Conclui demonstrando que o revestimento vegetal protege tanto pela interceptação da chuva como pela diminuição da velocidade de escoamento das enxurradas.

4.2 Poluição do solo

O termo *poluição* é definido como "toda alteração das propriedades físicas, químicas e biológicas que possa constituir prejuízo à saúde, à segurança e ao bem-estar das populações e, ainda, comprometer a biota e a utilização dos recursos para fins comerciais, industriais e recreativos" (Brasil, 1981, citado por Pedron et al., 2004). Portanto, a poluição do solo revela a presença de elementos ou substâncias que podem afetar componentes bióticos do ecossistema, comprometendo sua funcionalidade e sua sustentabilidade

Para Gomes et al. (2004, p. 1), a poluição do solo pode ser definida como a "adição de materiais que podem modificar suas características qualitativas". Os autores argumentam ainda que a maioria dos resíduos dos aglomerados urbanos, empreendimentos industriais e agrícolas é depositado no solo sem controle específico, gerando assim contaminação do solo e também do lençol freático.

Para Nunes (2017), a poluição do solo tem como principal causa o uso de produtos químicos na agricultura os, chamados *agrotóxicos*. "Eles são usados para destruir pragas e até ajudam na produção, mas causam muitos danos ao meio ambiente, alterando o equilíbrio do solo e contaminando os animais através das cadeias alimentares". Para a autora, existem outras formas de poluição do solo, como os aterros, o lixo tóxico e o lixo radioativo.

O Quadro 4.1 apresenta as atividades de uso e ocupação do solo potencialmente poluentes tanto em áreas urbanas (atividades industriais) quanto em áreas rurais.

Quadro 4.1 – Atividades de uso e ocupação do solo, potencialmente poluentes

Aplicação no solo de lodos de esgoto, lodos orgânicos industriais ou outros resíduos	Aterros e outras instalações de tratamento e disposição de resíduos
Silvicultura	Estocagem de resíduos perigosos
Atividades extrativistas	Produção e teste de munições
Agricultura/horticultura	Refinarias de petróleo
Aeroportos	Fabricação de tintas
Atividades de processamento de animais	Manutenção de rodovias
Atividades de processamento de asbestos	Estocagem de produtos químicos, petróleo e derivados
Atividades de lavra e processamento de argila	Produção de energia
Enterro de animais doentes [sic]	Estocagem ou disposição de material radioativo
Cemitérios	Ferrovias e pátios ferroviários
Atividades de processamento de produtos químicos	Atividades de processamento de papel e impressão
Mineração	Processamento de borracha
Atividades de docagem e reparação de embarcações	Tratamento de efluentes e áreas de tratamento de lodos
Atividades de reparação de veículos	Ferros-velhos e depósitos de sucata

(continua)

(Quadro 4.1 - conclusão)

Atividades de lavagem a seco	Construção civil
Manufatura de equipamentos elétricos	Curtumes e associados
Indústria de alimentos para consumo animal	Produção de pneus
Atividades de processamento do carvão	Produção, estocagem e utilização de preservativos de madeira
Manufatura de cerâmica e vidro	Atividades de processamento de ferro e aço
Hospitais	Laboratórios

Fonte: São Paulo, 2017.

A Companhia Ambiental do Estado de São Paulo (CETESB) registra:

> Historicamente, o solo tem sido utilizado por gerações como receptor de substâncias resultantes da atividade humana. Com o aparecimento dos processos de transformação em grande escala, a partir da Revolução Industrial, a liberação descontrolada de poluentes para o ambiente e sua consequente acumulação no solo e nos sedimentos sofreu um aumento drástico de forma e de intensidade, explicado pelo uso intensivo dos recursos naturais e dos resíduos gerados pelo aumento das atividades urbanas, industriais e agrícolas.
>
> Essa utilização [...] pode se dar localmente por um depósito de resíduos; por uma área de estocagem ou processamento de produtos químicos; por disposição de resíduos e efluentes, por algum vazamento ou derramamento; ou ainda regionalmente atráves de

deposição pela atmosfera, por inundação ou mesmo por práticas agrícolas indiscriminadas. Desta forma, uma constante migração descendente de poluentes, do solo para a água subterrânea ocorrerá, o que pode se tornar um grande problema para aquelas populações que fazem uso deste recurso hídrico. (São Paulo, 2007)

A Figura 4.9 apresenta, sucintamente, as fontes de poluição do solo e sua migração.

Figura 4.9 – Fontes de poluição do solo e sua migração

Agrotóxicos
manuseio inadequado
Emissões

Efluentes líquidos
acidentes
vazamentos
manuseio impróprio

Resíduos sólidos
disposição inadequada

Minerações

Atmosfera

Infiltrações + atenuação
Solos contaminados

Solo zona insaturada

Plumas de contaminantes

Águas subterrâneas zona saturada

Águas superficiais: rios, represas, lagos e mar

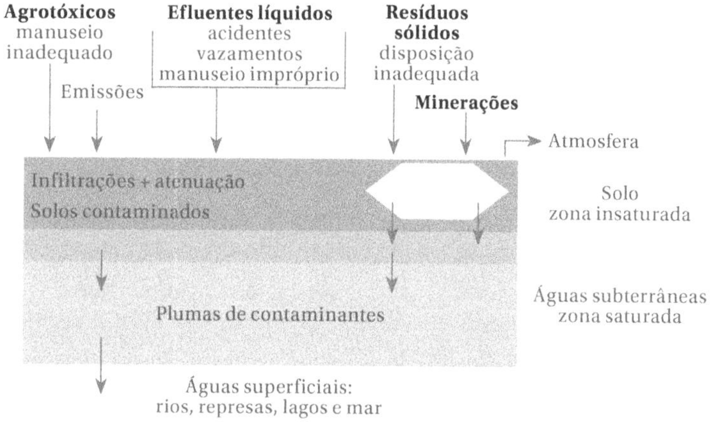

Fonte: Adaptado de São Paulo, 2017.

Muitos autores compartilham a ideia de que, embora a realidade da poluição ambiental seja a tônica de grandes problemas urbanos e rurais, ainda não há consenso sobre quais seriam as melhores formas de abordagem da questão. Muitos são os entraves para que esses problemas possam ser solucionados. Entre eles, podemos apontar as dificuldades técnicas, a questão política, que se reveste de grande importância, pois se não for adequadamente conduzida, o controle da poluição fica muito prejudicado e tem consequências irreversíveis para a ciclagem de nutrientes (ciclo do carbono, nitrogênio, fósforo) na natureza e ciclo da água, prejudicando a produção de alimentos de origem vegetal e animal.

A poluição do solo urbano, para Gomes et al. (2004), diferentemente daquela dos solos agrícolas, particularmente em parques públicos e jardins residenciais, exerce influência na saúde humana em razão do contato direto e frequente dos homens.

Os danos provocados pelos poluentes no solo podem ser desastrosos, podendo afetar grandes populações de organismos, comunidades ou mesmo causar graves danos em todo o ecossistema local.

O solo tem capacidade de depuração e imobiliza grande parte das impurezas que são depositadas nele, ou seja, atua como um filtro. No entanto, essa capacidade é, para muitos autores, limitada, podendo ocorrer alterações na qualidade do solo pelo efeito cumulativo da deposição de poluentes atmosféricos, da aplicação de defensivos agrícolas e fertilizantes e da disposição de resíduos sólidos industriais, urbanos, tóxicos e radioativos.

4.3 Impacto ambiental das atividades energéticas e mineradoras, agrícolas e industriais

Pode-se definir o impacto ambiental, segundo o art. 1º da Resolução n. 001/1986 do Conselho Nacional do Meio Ambiente (Conama), como:

> qualquer alteração das propriedades físicas, químicas, biológicas do meio ambiente, causada por qualquer forma de matéria ou energia resultante das atividades humanas que, diretamente ou indiretamente, afetam:
> I - a saúde, a segurança, e o bem-estar da população;
> II - as atividades sociais e econômicas;
> III - a biota;
> IV - as condições estéticas e sanitárias do meio ambiente;
> V - a qualidade dos recursos ambientais. (Conama, 1986)

Para Bitar e Ortega (1998), a definição de *impacto ambiental* está associada à alteração ou ao efeito ambiental considerado significativo por meio da avaliação do projeto de determinado empreendimento, podendo ser negativo ou positivo.

Já para Dulnik et al. (2008, p. 2):

> em termos de avaliação do impacto ambiental das atividades humanas, existem três grandes problemas no país, que são inseparáveis, mas inconfundíveis, cada um com uma sistemática de análise científica distinta: as atividades energético-mineradoras; as atividades industriais-urbanas; as atividades agrossilvopastoris. Em geral, os critérios, instrumentos e métodos utilizados para avaliar o impacto ambiental são próprios a cada uma dessas três atividades e não universais.

Quadro 4.2 – Comparação dos impactos ambientais das diferentes atividades humanas

	Atividade humana		
	Energética e mineradora	Industrial-urbana	Agrícola
Abrangência	Pontual, limitada e precisa	De pontual a difusa	Grandes áreas, de forma pouco precisa
Intensidade	Alta	Variada	Crônica, pouco evidente, intermitente e de difícil quantificação
Impacto	Direto	Direto e indireto	Indireto (positivo ou negativo
Alcance	Pequenas parcelas da população	Grandes parcelas da população	Pouco perceptível pela população em geral
Exemplos	Hidrelétrica e mineradora	Fábrica poluidora	Campo cultivado
Fatores associados	Relativamente controláveis	Obras de infraestrutura e de saneamento mais amplas do que a abrangência de cada empreendimento; processos de planejamento e crescimento urbano.	Pouco controláveis, como chuvas, ventos, geadas.
Controle	Projeto, engenharia e planejamento passíveis de previsão e controle.	Normas, leis e regulamentos, ação fiscalizadora por parte da população e de órgãos públicos.	–

Fonte: Elaborado com base em Embrapa, 2017.

As Figuras 4.10 e 4.11 ilustram situações de impactos ambientais em atividades de mineração e de agricultura.

Figura 4.10 – Impactos causados sobre a fauna e a flora devidos à extração de talco em um distrito mineiro na região dos municípios de Castro e Ponta Grossa – PR

Figura 4.11 – Impactos erosivos causados sobre o solo

A Embrapa (2017) explicita que, com relação ao aspecto socioeconômico, há muitas diferenças entre o uso da agricultura e o das outras atividades: no número de empregos que gera, nas condições específicas de trabalho, no que se refere à sazonalidade de algumas atividade, na legislação para o trabalho e seguridade, na produção de bens, no valor agregado dos produtos etc. O orgão acrescenta que há muitas diferenças entre as atividades energético-mineradoras, industriais-urbanas e agrícolas, mas todas apresentam riscos ambientais.

4.3.1 Caracterização de resíduos agrícolas e industriais e recuperação de solos contaminados

O avanço industrial tem gerado grande quantidade e variedade de resíduos, causando sérios problemas ambientais. Segundo Kraemer (2005, p. 3, grifo do original):

> O lixo gerado pelas atividades agrícolas e industriais é tecnicamente conhecido como *resíduo*, e os geradores são obrigados a cuidar do gerenciamento, transporte, tratamento e da destinação final de seus resíduos, e essa responsabilidade é para sempre. [...] A indústria é responsável por grande quantidade de resíduo – sobras de carvão mineral, refugos da indústria metalúrgica, resíduo químico e gás e fumaça lançados pelas chaminés das fábricas.
>
> O resíduo industrial é um dos maiores responsáveis pelas agressões fatais ao ambiente. Nele estão incluídos os produtos químicos (cianureto, pesticidas, solventes), metais (mercúrio, cádmio, chumbo)

e solventes químicos que ameaçam os ciclos naturais onde são despejados. Os resíduos sólidos são amontoados e enterrados; os líquidos são despejados em rios e mares; os gases são lançados no ar. Assim, a saúde do ambiente, e consequentemente dos seres que nele vivem, torna-se ameaçada, podendo levar a grandes tragédias.

A indústria utiliza inúmeros metais pesados para a fabricação de vários produtos, causando vários riscos à saúde, como os expostos no quadro a seguir.

Quadro 4.3 – Principais metais usados na indústria, suas fontes e riscos à saúde

Metal	De onde vem	Efeitos
Alumínio	Produção de artefatos de alumínio; serralheria; soldagem de medicamentos (antiácidos) e tratamento convencional de água.	Anemia por deficiência de ferro; intoxicação crônica.
Arsênio	Metalurgia; manufatura de vidros e fundição.	Câncer (seios paranasais).
Cádmio	Soldas; tabaco; baterias e pilhas.	Câncer de pulmões e próstata; lesão nos rins.
Chumbo	Fabricação e reciclagem de baterias de autos; indústria de tintas; pintura em cerâmica; soldagem.	Saturnismo (cólicas abdominais, tremores, fraqueza muscular, lesão renal e cerebral).
Cobalto	Preparo de ferramentas de corte e furadoras.	Fibrose pulmonar (endurecimento do pulmão), que pode levar à morte.

(continua)

(Quadro 4.3 - conclusão)

Metal	De onde vem	Efeitos
Cromo	Indústrias de corantes, esmaltes, tintas, ligas com aço e níquel; cromagem de metais.	Asma (bronquite); câncer.
Fósforo amarelo	Veneno para baratas; rodenticidas (tipo de inseticida usado na lavoura) e fogos de artifício.	Náuseas; gastrite; odor de alho; fezes e vômitos fosforescentes; dor muscular; torpor; choque; coma e até morte.
Mercúrio	Moldes industriais; certas indústrias de cloro-soda; garimpo de ouro; lâmpadas fluorescentes.	Intoxicação do sistema nervoso central.
Níquel	Baterias; aramados; fundição e niquelagem de metais; refinarias.	Câncer de pulmão e seios paranasais.
Fumos metálicos	Vapores (de cobre, cádmio, ferro, manganês, níquel e zinco) da soldagem industrial ou da galvanização de metais.	Febre dos fumos metálicos (febre, tosse, cansaço e dores musculares) – parecido com pneumonia.

Fonte: CUT-RJ – Comissão do meio ambiente, citado por Kraemer, 2005.

De acordo com Kraemer (2005):

> Certos resíduos perigosos são jogados no meio ambiente, precisamente por serem tão danosos. Não se sabe como lidar com eles com segurança e espera-se que o ambiente absorva as substâncias tóxicas. Porém, essa não é uma solução segura para o problema. Muitos metais e produtos químicos não são naturais, nem biodegradáveis. Em consequência, quanto mais

se enterram os resíduos, mais os ciclos naturais são ameaçados, e o ambiente se torna poluído. Desde os anos 50, os resíduos químicos e tóxicos têm causado desastres cada vez mais frequentes e sérios.

Kraemer (2005) ainda menciona que a NBR 10004/2004, da Associação Brasileira de Normas Técnicas (ABNT), dispõe sobre a destinação, o tratamento e a disposição final de resíduos e classifica-os conforme as reações que produzem: perigosos (Classe 1 – contaminantes e tóxicos); não inertes (Classe 2 – possivelmente contaminantes); inertes (Classe 3 – não contaminantes).

Kraemer (2005) assim comenta o tratamento dos resíduos das classes 1 e 2:

> Os resíduos das classes 1 e 2 devem ser tratados e destinados em instalações apropriadas para tal fim. Por exemplo, os aterros industriais precisam de mantas impermeáveis e diversas camadas de proteção para evitar a contaminação do solo e das águas, além de instalações preparadas para receber o lixo industrial e hospitalar, normalmente operados por empresas privadas, seguindo o conceito do **poluidor-pagador**[i].
> As indústrias tradicionalmente responsáveis pela

---

i. "A doutrina é unânime em afirmar que o princípio do poluidor-pagador adveio da Recomendação da Organização para a Cooperação e Desenvolvimento Econômico (OCDE) em maio de 1972. [...] o citado princípio do poluidor-pagador pode ser entendido como um instrumento econômico de política ambiental que exige do poluidor ou de potenciais poluidores o dever de arcar com as despesas estatais relativas à prevenção, reparação ou repressão dos danos ambientais. [...] o poluidor deve arcar economicamente com a correção do dano ambiental provocado, já que ele impossibilitou a coletividade de usufruir um bem-estar ambiental [...] não deve lucrar à custa da sociedade, ele deve suportar o custo da utilização do meio ambiente, não só por uma questão de justiça, como também para evitar novas deteriorações ambientais" (Araújo, 2011).

maior produção de resíduos perigosos são as metalúrgicas, as indústrias de equipamentos eletroeletrônicos, as fundições, a indústria química e a indústria de couro e borracha. Predomina em muitas áreas urbanas a disposição final inadequada de resíduos industriais, por exemplo, o lançamento dos resíduos industriais perigosos em lixões, nas margens das estradas ou em terrenos baldios, o que compromete a qualidade ambiental e de vida da população.

Sobre a normas e legislações nacionais para regulamentação da questão dos resíduos industriais, a autora menciona que:

> o Brasil possui legislação e normas específicas. Pode-se citar a Constituição Brasileira em seu Artigo 225, que dispõe sobre a proteção ao meio ambiente; a Lei 6.938/81, que estabelece a Política Nacional de Meio Ambiente; a Lei 6.803/80, que dispõe sobre as diretrizes básicas para o zoneamento industrial em áreas críticas de poluição; as resoluções do Conselho Nacional do Meio Ambiente-CONAMA 257/263 e 258, que dispõem respectivamente sobre pilhas, baterias e pneumáticos e, além disso, a questão é amplamente tratada nos Capítulos 19, 20 e 21 da Agenda 21 (Rio-92). (Kraemer, 2005)

Um dos elementos da paisagem mais afetados pela urbanização é o solo. Considerado um corpo natural com características resultantes da interação de vários fatores e processos de formação, o solo apresenta funções vitais para o sistema urbano como, por exemplo, suporte as obras de engenharia e vida vegetal, além de atuar como um filtro natural, regulando o ciclo hidrológico e impedindo que diversas substâncias tóxicas sejam dispersadas no meio ambiente. Assim, a maioria das atividades resultantes do processo de urbanização afetarão diretamente o recurso solo, com maior ou menor intensidade, podendo muitas vezes aumentar o grau de degradação do ambiente, afetando também a qualidade de vida da população.

O solo possui propriedades intrínsecas que determinam sua aptidão e limitação de uso, as quais são muitas vezes desconsideradas durante as atividades de construção civil. É comum nos centros urbanos a conversão de ambientes frágeis em áreas construídas, os quais oferecem riscos devido à sua instabilidade, como encostas de morros, banhados e margens de cursos d'água. Esses ambientes desempenham papel importante no equilíbrio natural, devendo ser preservados das pressões antrópicas.

Nas áreas rurais, "os principais impactos sobre os solos são possíveis contaminações pelo uso de defensivos agrícolas e a sobreutilização de terras de menor potencial agrícola, especialmente com pastagens" (Santos; Drummond Câmara, 2002).

Toda e qualquer atividade humana leva à produção de resíduos, e a disposição de forma inadequada causa problemas de contaminação ambiental. É importante destacarmos que o país não mantém ações e estudos sistemáticos sobre a contaminação de solos oriunda dessas atividades, nem sobre a utilização de defensivos agrícolas. A contaminação do solo por agroquímicos tem sido raramente estudada, e as informações existentes advêm de levantamentos que visam ao controle da qualidade da água e dos alimentos.

A compostagem do lixo e o composto orgânico na agricultura não representam riscos à descaracterização do solo, pois, segundo Santos e Drummond Câmara (2002), praticamente não são utilizados no país.

Segundo Edwards (1973), é quase impossível reverter todos os danos causados ao ambiente utilizando técnicas de remediação de solos. As estratégias modernas de gerenciamento têm dado ênfase à minimização de resíduos, à reciclagem e à remediação em preferência à disposição dos resíduos no meio ambiente.

4.4 Uso urbano do solo e impactos relacionados

O processo de urbanização crescente, no Brasil e no mundo, promoveu numerosos impactos sobre a paisagem rural e também sobre a paisagem urbana.

Para Pedron et al. (2007, p. 147), no Brasil, a partir da década de 1970,

> a urbanização é considerada um processo inevitável resultante da organização social humana que visa à adequação e à melhoria da qualidade do ambiente, proporcionando melhores condições de vida em comunidade. No entanto, a falta de planejamento quanto à expansão das cidades acaba por degradar o ambiente, dificultando sua recuperação e aumentando os custos deste processo.

Os efeitos da industrialização, do grande crescimento demográfico e da forte migração rural foram, segundo Rossato (1993), os grandes responsáveis pelo processo de urbanização em nosso país. Se traçarmos uma cronologia, foi na década de 1930 que o processo industrial iniciou seu crescimento significativo no Brasil, intensificando-se a partir da década de 1970, que ficou conhecida no país pelo chamado *milagre econômico*. Nessa década, com a expansão da população urbana, foram criadas 14 regiões metropolitanas. Em algumas delas, foram reservados espaços destinados a instalações industriais, onde se estabeleceram muitas das indústrias multinacionais.

> Esse milagre econômico não só contribuiu para o crescimento econômico como [também] acelerou o processo de êxodo rural, e da expansão da industrialização nas cidades. Essas cidades não possuíam uma infraestrutura adequada para receber esse contingente de pessoas que chegaram em busca de melhores condições de vida gerando assim um crescimento desordenado da urbanização brasileira, provocando uma série de problemas socioambientais tanto rurais quanto urbanos. (Garbossa; Silva, 2016, p. 146).

Pedron et al. (2007, p. 147) destacam que:

> Dados do censo de 1991 mostram que a população urbana no Brasil cresceu de 12,8 milhões, na década de 1940, para 110,9 milhões no início da década de 1990, atingindo 137,9 milhões no Censo de 2000 (IBGE, 2005, citado por Pedron et al., 2007). Já a taxa de urbanização subiu de 32%, em 1940, para 75%, em

1991 (Costa; Cintra, 1999, citados por Pedron et al., 2007), chegando a 81% em 2000, evidenciando o atual caráter urbano do país (Brasil, 2004).

Segundo Garcias e Sanches (2009, citados por Garbossa; Silva, 2014), podemos comparar o meio urbano a uma máquina de consumo energético e de recursos naturais em virtude da grande concentração populacional e da intensidade das atividades humanas. Os autores acrescentam que a urbanização é a mudança social em grande escala, que causa profundas transformações, por vezes irreversíveis, e que afeta cada aspecto da vida social e todas as seções da sociedade.

A dificuldade em adotar políticas públicas que possibilitem a organização social e ambiental dessas áreas, para alguns autores, diz respeito à concentração populacional nos centros urbanos, que foi ao mesmo tempo rápida, grande e, por que não dizer, caótica. Muitos autores, entre eles Costa e Cintra (1999), concordam que o crescimento urbano, na maior parte dos casos, ocorreu de forma desorganizada, sem a devida preocupação com a qualidade paisagística e o bem-estar de seus habitantes.

Na concepção de Araby (2002), os efeitos adversos à qualidade do ambiente urbano nos remetem costumeiramente ao desconhecimento da paisagem local e seus mecanismos ecológicos, aliado à inexistência de planejamento multidisciplinar do ambiente urbano.

A impermeabilização da superfície do solo, o desrespeito às condições topopedológicas locais, a elevação do **albedo**[ii] em áreas

---

ii. "Razão entre a quantidade de radiação eletromagnética refletida por uma superfície (neve, nuvem, geleira) e a radiação incidente sobre ela. O albedo dos oceanos varia entre 6% e 11% entre as latitudes 40º N e 40º S, enquanto o albedo planetário (Sistema Terra/Atmosfera) seria de aproximadamente 40%, areia úmida 9% e areia seca 18%" (Suguio, 2002).

construídas, o uso dos solos e das águas para descarte de resíduos não tratados e insuficiência de vegetação no meio urbano rompem os chamados *ciclos naturais* (Silva; Magalhães, 1993), o que, por sua vez, desencadeia uma série de outros problemas.

Conforme o art. 1º da Resolução n. 001, do Conselho Nacional do Meio Ambiente (Conama), de 23 de janeiro de 1986, que "Dispõe sobre critérios básicos e diretrizes gerais para o Relatório de Impacto Ambiental – RIMA", considera-se impacto ambiental "qualquer alteração das propriedades físicas, químicas e biológicas do meio ambiente, causada por qualquer forma de matéria ou energia resultante das atividades econômicas que afetem a saúde, segurança, bem-estar da população e o meio ambiente" (Conama, 1986).

Assim, partindo do conceito de *impacto ambiental*, segundo Pedron et al. (2007), de todos os elementos da paisagem que são afetados pela urbanização, o solo é o mais afetado. Os autores explicam que, por ser considerado um corpo natural, o solo apresenta características resultantes da interação de vários fatores e processos de formação, e desempenha funções vitais para o sistema urbano. Como exemplos, os pesquisadores citam "suporte às obras de engenharia e à vida vegetal" e a atuação como "um filtro natural, regulando o ciclo hidrológico e impedindo que diversas substâncias tóxicas sejam dispersadas no meio ambiente" (Pedron et al, 2007, p. 147).

Os autores ainda explicam que a maior parte das atividades resultantes do processo de urbanização afeta diretamente o solo, em maior ou menor grau, tendo como consequência a própria qualidade de vida da população.

> O solo possui propriedades intrínsecas que determinam sua aptidão e limitação de uso, as quais são muitas vezes desconsideradas durante as atividades

> de construção civil. É comum nos centros urbanos a conversão de ambientes frágeis em áreas construídas, os quais oferecem riscos devido à sua instabilidade, como encostas de morros, banhados e margens de cursos d'água. Esses ambientes desempenham papel importante no equilíbrio natural, devendo ser preservados das pressões antrópicas. (Pedron et al., 2007, p. 147)

Rolnik (2005, p. 24) também compartilha da teoria de que a falta de planejamento é um fator determinante para os graves problemas que vêm afetando as metrópoles brasileiras, cidades sem planejamento, desequilibradas e caóticas. A autora ainda defende que não se trata tão somente de uma ausência de planejamento, mas acima de tudo de uma interação perversa entre processos socioeconômicos, em que, nas opções de planejamento, políticas e práticas públicas, muitos perdem e pouquíssimos ganham.

Para Santos (1993, p. 49), independentemente do tamanho, tipo de atividade, região em que se inserem e outras características, todas as cidades brasileiras enfrentam problemáticas parecidas. O que muda é tão somente o grau e de intensidade, mas todas apresentam problemas relativos a emprego, transportes, lazer, habitação, abastecimento de água, esgoto, educação e saúde. Esses problemas são preocupantes de forma generalizada e revelam enormes carências; quanto maior a cidade, mais visíveis eles se tornam.

> a urbanização corporativa, isto é, empreendida sob o comando dos interesses das grandes firmas, constitui um receptáculo das consequências de uma expansão capitalista devorante dos recursos públicos,

uma vez que estes são orientados para os investimentos econômicos, em detrimento dos gastos sociais. (Santos, 1993, p. 49)

Para Nascente e Ferreira (2007, p. 6):

> a ineficácia e a inadequação dos instrumentos de planejamento e gestão urbana podem contribuir para o estabelecimento de padrões irregulares e informais de ocupação e urbanização, em especial dos segmentos mais pobres da população com introdução grandes valores imobiliários em áreas consideradas regulares, com boa qualidade de vida e toda a infraestrutura adequada como consequência [sic] os mais pobres são obrigados a migrar para lugares caracterizados como fundos de vale e áreas de preservação ambiental, constituindo as ocupações irregulares.

Citando o Manual de Saneamento elaborado pela Fundação Nacional (Funasa) em 2004, Nascente e Ferreira (2007, p. 6) comentam:

> É importante destacar que, no processo de assentamentos populacionais, o sistema de drenagem se torna um dos mais sensíveis problemas do processo de urbanização, tanto na parte de esgotamento das águas pluviais quanto em razão da interferência nos demais sistemas de infraestruturas, além de que, com a retenção da água na superfície do solo, surgirem diversos problemas que afetam diretamente a saúde e a qualidade de vida da população.

O sistema de drenagem de um núcleo habitacional é o mais destacado no processo de expansão urbana, ou seja, o que mais facilmente comprova sua ineficiência, imediatamente após as precipitações significativas, trazendo transtornos à população quando causa alagamentos e inundações. Além desses problemas, facilita também o aparecimento de doenças e a proliferação dos mosquitos tornando assim um maior risco às pessoas tanto do entorno com também às demais, podendo haver uma disseminação das doenças, estas águas devem ser drenadas e como medida preventiva adotar-se um sistema de escoamento eficaz que pode sofrer adaptações para que possa atender à evolução urbanística.

4.4.1 Aquecimento global e fontes de emissão

Nos últimos anos, diversos meios de comunicação e organizações não governamentais (ONGs) têm divulgado quase que diariamente informações relacionadas a problemas ambientais de alcance mundial, entre eles o aquecimento global. Segundo Suguio (2008), os fatos noticiados tendem a ser considerados fenômenos essencialmente antrópicos.

Para muitos teóricos debruçados sobre a temática, as definições sobre o aquecimento global são inúmeras e, nos últimos 30 anos, sua disseminação tem sido enorme. Mas, afinal, o que significa *aquecimento global* e quais seus efeitos no dia a dia?

Conforme Cordeiro et al. (2011):

> O termo *aquecimento global* significa que todo o planeta Terra está se aquecendo, ou seja, a temperatura atmosférica média da superfície está se elevando ao longo dos anos como consequência do aumento do efeito estufa, resultante do incremento na concentração atmosférica de alguns GEE[iii], em especial o CO_2, o CH_4 e o N_2O.
>
> Entretanto, existem diferenças entre esses gases no que diz respeito a sua capacidade de reter calor. Por exemplo, o padrão GWP[iv] adotado pelo IPCC[v] indica que o metano (CH_4) e o óxido nitroso (N_2O) são 21 e 310 vezes mais potentes, respectivamente, em reter radiação solar que o CO_2 para um período de 100 anos.

Lembrete

Na história do planeta, o aquecimento ocorre naturalmente. Contudo, atualmente, cientistas alertam que o processo está muito acelerado por causa da ação do homem.

---

iii. GEE são gases de efeito estufa.
iv. Sigla em inglês que significa Global Warming Potential ou, em português, Potencial de Aquecimento Global para um período de 100 anos (GWP-100 ou GWP-100 anos).
v. Sigla em inglês que significa Intergovernmental Panel on Climate Change ou, em português, Painel Intergovernamental sobre Mudança Climática.

Na concepção de Silva e Paula (2009, p. 43),

> O aquecimento global é um fenômeno climático de larga extensão, ou seja, um aumento da temperatura média superficial global, provocado por fatores internos e/ou externos. Fatores internos são complexos e estão associados a sistemas climáticos caóticos não lineares, isto é, inconstantes, devido a variáveis como a atividade solar, a composição físico-química atmosférica, o tectonismo e o vulcanismo. Fatores externos são antropogênicos e relacionados a emissões de gases-estufa por queima de combustíveis fósseis, principalmente carvão e derivados de petróleo, indústrias, refinarias, motores, queimadas etc.

Na mesma linha de pensamento, o documento *Mudança do clima no Brasil: aspectos econômicos, sociais e regulatórios*, publicado pelo Instituto de Pesquisas Econômicas Aplicadas (Ipea), no ano de 2011, com dados do Banco Mundial (2009), mostra que são consumidos nos centros urbanos aproximadamente dois terços da energia mundial, contribuindo com cerca de 80% das emissões globais de gases de efeito estufa (Dubeux, 2011).

No mesmo documento do Ipea, é citada a Agência Internacional de Energia, que prevê que, em um prazo de 20 anos, as cidades passarão a ser responsáveis por 73% do consumo mundial de energia. A maior parte desse consumo continuará a atender à demanda de transportes, atividades industriais e comerciais e de aclimatação de ambientes. Logo, o combate ao aquecimento global não pode prescindir da participação das cidades. (Dubeux, 2011, p. 57)

Ainda conforme Dubeux (2011, p. 57), no mesmo documento:

> A urbanização também concentra grande parte dos resíduos sólidos e dos efluentes domésticos, comerciais e industriais produzidos. Esse fato em países com temperaturas médias, favorece a produção de metano, um gás alto poder de aquecimento global.
>
> Todos esses fatores que contribuem para o aumento do efeito estufa também causam poluição local e regional. Dessa forma, identificam-se sinergias entre as políticas públicas que tratam do aquecimento global e aquelas que controlam a poluição local e a preservação ambiental, como também as direcionadas aos serviços de infraestrutura. Por exemplo, a redução no consumo de combustíveis fósseis apresenta resultados benéficos tanto no que se refere ao efeito estufa quanto para a qualidade do ar que se respira ou para o problema da chuva ácida.

Silva e Paula (2009, p. 43) explicam como acontece o fenômeno do efeito estufa:

> Os gases responsáveis pelo efeito estufa, como vapor de água, clorofluorcarbono (CFC), ozônio (O_3), metano (CH_4), óxido nitroso (N_2O) e dióxido de carbono (CO_2), absorvem uma parte da radiação infravermelha emitida pela superfície da Terra e irradiam, por sua vez, parte da energia de volta para a superfície. Como resultado, a superfície recebe quase o dobro de energia da atmosfera em comparação com a energia

recebida do Sol, resultando no aquecimento da superfície terrestre em torno de 30 °C. Sem esse aquecimento, a vida, como a conhecemos, não poderia existir.

O principal gás responsável pela geração do efeito estufa é o vapor de água troposférico.

Na Figura 4.12, esse efeito de aquecimento e reflexão do calor é explicado.

Figura 4.12 – Esquema do efeito estufa na Terra

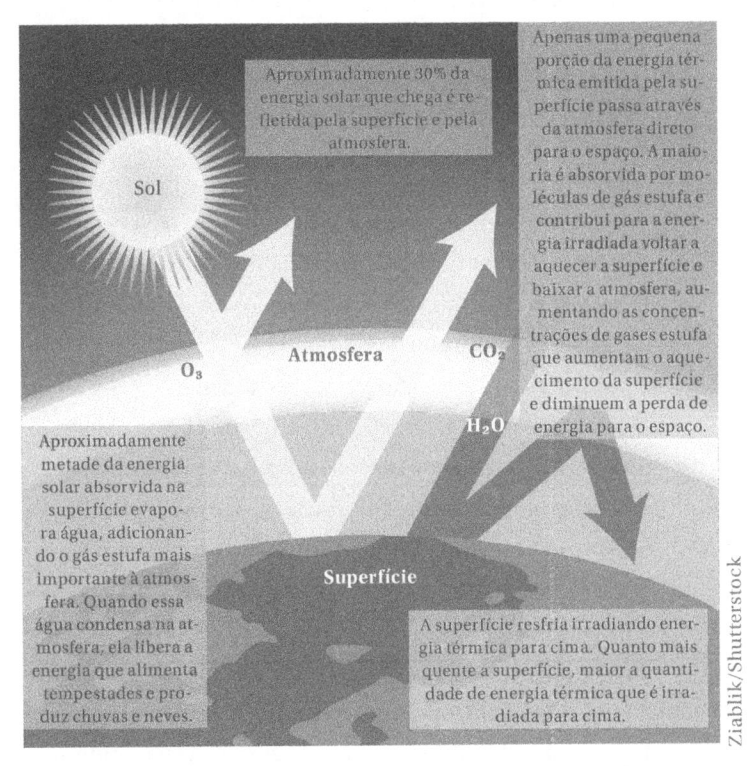

Aproximadamente 30% da energia solar que chega é refletida pela superfície e pela atmosfera.

Apenas uma pequena porção da energia térmica emitida pela superfície passa através da atmosfera direto para o espaço. A maioria é absorvida por moléculas de gás estufa e contribui para a energia irradiada voltar a aquecer a superfície e baixar a atmosfera, aumentando as concentrações de gases estufa que aumentam o aquecimento da superfície e diminuem a perda de energia para o espaço.

Sol

O_3 Atmosfera CO_2

H_2O

Aproximadamente metade da energia solar absorvida na superfície evapora água, adicionando o gás estufa mais importante à atmosfera. Quando essa água condensa na atmosfera, ela libera a energia que alimenta tempestades e produz chuvas e neves.

Superfície

A superfície resfria irradiando energia térmica para cima. Quanto mais quente a superfície, maior a quantidade de energia térmica que é irradiada para cima.

Ziablik/Shutterstock

Fonte: Adaptado de Efeito Estufa, U.S. Global Change Research Program.

Conforme informa Suguio (2008, p. 17-18, grifo do original):

> Na realidade o efeito estufa é um fenômeno natural existente na superfície terrestre. Há cerca de 200 anos passados, subsequentemente à Grande Revolução Industrial em escala mundial, o ser humano passou a exalar gases estufa (principalmente dióxido de carbono) em grande quantidade, acompanhando a crescente industrialização e passou a intensificar o fenômeno natural. No caso do **dióxido de carbono** (CO_2), grande parte (cerca de 23%) corresponde à exalação dos Estados Unidos. Os combustíveis fósseis (petróleo, carvão mineral e gás natural) representam a principal fonte de emanação deste gás e constituem cerca de 99%. [...]
>
> Principalmente em países desenvolvidos, os seres humanos têm consumido grandes quantidades de petróleo e carvão mineral, especialmente nos últimos 30 anos, para poder desfrutar de vida muito agradável. Têm sido exalados, anualmente pelos seres humanos na atmosfera, 20 bilhões de toneladas por queima de combustíveis fósseis, 7 bilhões de toneladas por desmatamento acompanhado de decomposição de matéria orgânica do solo e 2 bilhões de toneladas pela respiração de 6 bilhões de habitantes de dióxido de carbono (CO_2).

Segundo Cordeiro et al. (2011, p. 14), "de todas as atividades econômicas, a agricultura é, naturalmente, a que mais depende do clima e, consequentemente, a mais sensível à sua mudança". Contudo, tanto a agricultura quanto a pecuária, mesmo sendo afetadas, são também atividades que geram emissões de gases do efeito estufa para a atmosfera.

Figura 4.13 – Mapa conceitual – efeito estufa

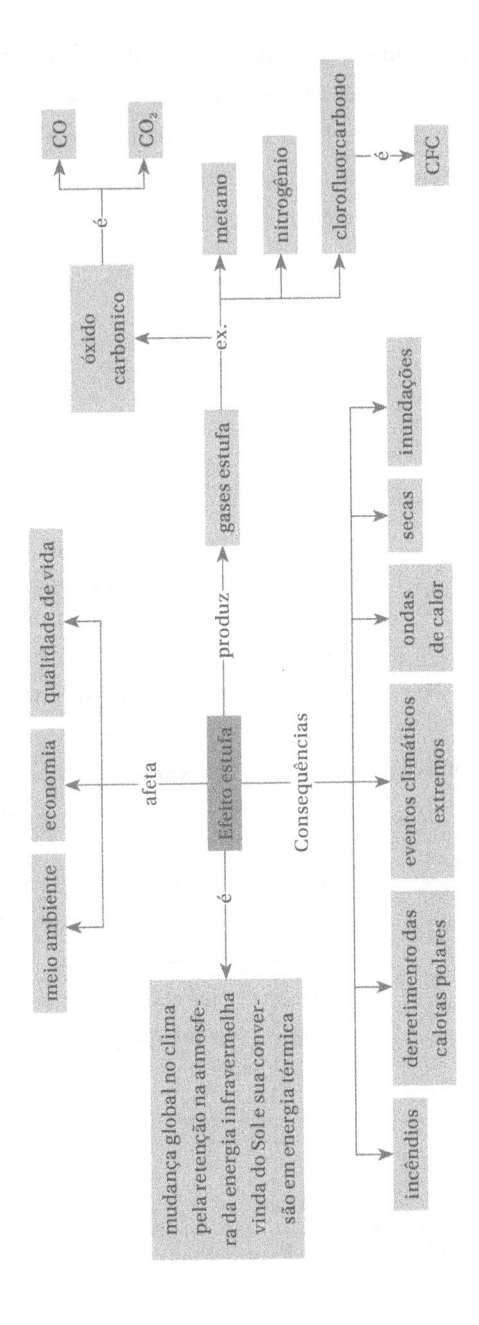

- Efeito estufa
  - afeta → meio ambiente, economia, qualidade de vida
  - é → mudança global no clima pela retenção na atmosfera da energia infravermelha vinda do Sol e sua conversão em energia térmica
  - produz → gases estufa
    - ex. → óxido carbonico
      - é → CO, CO_2
    - metano
    - nitrogênio
    - clorofluorcarbono
      - é → CFC
  - Consequências:
    - incêndios
    - derretimento das calotas polares
    - eventos climáticos extremos
    - ondas de calor
    - secas
    - inundações

Fonte: Adaptado de Ferreira e Cassani, 201, p. 161.

Para que sejam tomadas ações mitigadoras, é imprescindível conhecer as principais fontes de emissão dos gases, bem como seu ciclo de vida, suas inter-relações com outros gases envolvidos – reações químicas a que estão sujeitos –, e seus impactos.

No Quadro 4.4, são elencados os principais poluentes de fontes comuns.

Quadro 4.4 – Principais fontes de poluentes atmosféricos

Poluente	Fontes principais
CO_2	Queima de combustíveis fósseis e biomassa não renovável por indústrias, veículos etc.
CH_4	Produção e distribuição de gás natural e petróleo ou como subproduto da mineração do carvão, da queima incompleta dos combustíveis e da decomposição anaeróbica de matéria orgânica.
N_2O	Produção de ácido adípico, fertilização de solos agrícolas e combustão.
Partículas totais em suspensão (PTS)	Processos industriais, veículos motorizados (exaustão), poeira de rua ressuspensa e queima de biomassa.
MP10[vi] e fumaça	Processos de combustão (indústria e veículos automotores) e aerossol secundário (formado na atmosfera).
SOx	Queima de óleo combustível, refinaria de petróleo, veículos a diesel e produção de polpa e papel.

(continua)

---

vi. MP10 – São parte do material particulado em suspensão na atmosfera, composta pelas partículas com diâmetro inferior a 10 micrômetros, Por isso, também são chamadas de partículas inaláveis.

(Quadro 4.4 - conclusão)

Poluente	Fontes principais
NOx	Processos de combustão envolvendo veículos automotores – inclusive etanol e biodiesel –, processos industriais, usinas térmicas que utilizam óleo ou gás e incinerações.
CO	Combustão incompleta em veículos automotores – inclusive etanol e biodiesel.
O_3	Não é emitido diretamente à atmosfera. É produzido fotoquimicamente pela radiação solar sobre óxidos de nitrogênio e compostos orgânicos voláteis.
COV	Grande número de compostos de carbono que são voláteis, como solventes, combustíveis etc., e reagem para formar ozônio.

Fonte: Adaptado de Dubeux, 2011, p. 61-62.

Muitos dos cientistas que se debruçam sobre a temática em questão acreditam que o aumento da **concentração de poluentes antropogênicos na atmosfera** é a causa principal do efeito estufa e, consequentemente, do aquecimento global. Contudo, independentemente de sua causa, o efeito estufa antrópico ou a recuperação natural do clima após três séculos (séculos XVII a XIX) de baixas temperaturas durante o período da Pequena Idade do Gelo tem ocasionado efeitos devastadores nos ecossistemas (Silva; Paula, 2009).

4.4.2 Impactos do aquecimento global

Quais são os impactos do aquecimento global?

O Painel Intergovernamental sobre Mudanças Climáticas (Intergovernmental Panel on Climate Change – IPCC) reúne 2.500 cientistas de mais de 130 países com o intuito de avaliar as mudanças climáticas e publicou, em seu 4º Relatório de Avaliação, que os níveis atuais de concentração de gases de efeito estufa são preocupantes. Os cientistas preveem que a temperatura média do planeta pode se elevar entre 1,8 °C e 4 °C até 2100, o que causaria uma alteração drástica no meio ambiente.

Suguio (2008, p. 104) afirma que:

> Simultaneamente ao fenômeno do aquecimento global, que já se acha confirmado, independentemente de sua causa (efeito esteja antrópico ou recuperação natural do clima), pode-se prognosticar as seguintes consequências indesejáveis nos próximos anos:
>
> a. Poderá ocorrer fusão total das geleiras da Antártida e da Groenlândia e as geleiras de altitude próximas ao Equador já estão sofrendo fusão.
> b. Deverá ocorrer intensificação crescente das tempestades de vento e chuva com incremento do volume de vapor de água atmosférico.
> c. A água adicionada pelo degelo e o aumento do volume por aquecimento das águas oceânicas deverão causar subida de nível do mar.
> d. A retenção das radiações pela atmosfera provocará, em consequência, o resfriamento da estratosfera.
> e. Poderá ocorrer a extinção de muitas espécies de animais e plantas concomitantemente ao empobrecimento da diversidade biológica da Terra.
> f. A cultura e colheita de vários produtos tornar-se-ão inviáveis, com consequentes perdas nas safras agrícolas.

g. Como muitas metrópoles mundiais situam-se sobre planícies costeiras, poderão ocorrer perdas materiais e muitas mortes nessas cidades.

h. Haverá possibilidade de propagação de muitas epidemias tropicais, como cólera, malária e dengue à medida que ocorre o aquecimento climático.

O documento *Mudança do clima no Brasil: aspectos econômicos, sociais e regulatórios*, acrescenta dados nada animadores: o cenário de elevação de temperatura levaria ao aumento da intensidade de eventos extremos e, também, à alteração do regime das chuvas, com maior ocorrência de secas e enchentes. Estudos demonstram que, além de colocarem em risco a vida de grandes contingentes urbanos, tais mudanças no clima do planeta poderiam desencadear epidemias e pragas, ameaçar a infraestrutura de abastecimento de água e luz, bem como comprometer os sistemas de transporte (Motta el al., 2011).

A agricultura seria também bastante afetada, principalmente em regiões onde já se verifica escassez de água, como o Nordeste brasileiro. Muitos desses impactos já poderiam ocorrer antes de 2050, com suas consequências econômicas.

Para Guerra e Cunha (1995), com relação aos solos, mesmo que os efeitos sobre suas propriedades e processos ainda não sejam totalmente definidos, algumas modificações são apontadas de forma preliminar. Conforme os autores, a primeira consequência refere-se ao aumento das taxas de intemperismo, bem como à oxidação da matéria orgânica e a outros processos biológicos, além de maior evaporação de água dos solos para a atmosfera, e também de outros gases. Outra consequência, previsível e não menos importante é que o aumento da temperatura pode alterar alguns padrões regionais de chuvas, tornando assim algumas áreas mais úmidas e outras mais secas, podendo ocorrer ainda a alteração da erosividade das chuvas com influência sobre as propriedades dos solos.

Além dos efeitos diretos sobre os solos, também a economia dos países seria afetada. Com o aumento do nível do mar, áreas costeiras de muitos países sofreriam inundações e grandes áreas agrícolas seriam inutilizadas.

Para Motta et al. (2011), portanto, para que políticas de combate ao aquecimento global sejam providenciadas, é preciso, antes, entender a natureza e a dimensão desses impactos. Outro fator que destacamos se refere às políticas de crescimento econômico dos diferentes países e à distribuição de renda, em âmbito doméstico e internacional; em particular, entre países desenvolvidos e em desenvolvimento. Isso porque, para a diminuição ou minimização dos impactos, é necessário esforço global. Os autores defendem que é preciso sério compromisso das gerações presentes e futuras de cada país:

> O escopo e a distribuição desse esforço estão, entretanto, longe de ser consensuados [...] entre as partes que participam dele.
>
> Assim, torna-se crucial entender as estruturas de custos e benefícios e de ganhadores e perdedores, como também as de governança que decidem, regulam e acompanham a implementação dessas ações de combate ao aquecimento global. (Motta et al., 2011, p. 11)

Dessa maneira, o estudo das alterações no clima não é apenas uma peça de alarmismo. Fica claro também que, sem compromisso e mudança de atitudes, todo o meio ambiente irá ser posto à prova, se não prejudicado, pelos descuidos do ser humano.

4.4.3 Ações internacionais e mercado de trabalho

Existem ações internacionais que estão sendo ou já foram tomadas para a atenuar ou combater o aquecimento global? O que alguns países, estados, cidades e empresas estão fazendo para retardar o aquecimento global?

Há grande quantidade de conferências, encontros, debates, declarações e leis, tanto em âmbito nacional quanto internacional, cujo tema central são as questões ambientais e principalmente o aquecimento global. Sobre isso, Motta et al. (2011, p. 11-12) lembram que:

> Durante a Conferência das Nações Unidas para o Meio Ambiente e o Desenvolvimento, realizada em 1992 no Rio de Janeiro (CNUMAD, ou Rio-92), foi adotada a Convenção-Quadro das Nações Unidas sobre Mudança do Clima (CQNUMC) [...]. Esta é um acordo internacional, já assinado por 192 países, que estabelece objetivos e regras para combate ao aquecimento global. O objetivo final da convenção é "a estabilização das concentrações de gases de efeito estufa na atmosfera em um nível que impeça uma interferência antrópica perigosa no sistema climático" (CQNUMC, Art. 2). Por outro lado, admite que efeitos negativos podem já ser inevitáveis [...].

Nessa convenção, foi adotado o princípio das responsabilidades comuns, porém diferenciadas em função da concentração atual dos gases de efeito estufa acima dos níveis tidos como naturais.

Mas, afinal, o que consta no princípio? O princípio reconhece que, assim como têm contribuições difrentes de emissões na variação da temperatura do planeta, os países têm capacidades também distintas para contribuir com a solução do problema. O grau de poluição no país e sua capacidade financeira determinam as soluções individualizadas. Além disso, ficou acordado que os países desenvolvidos liderariam os esforços globais e, portanto, assumiriam compromissos para limitar suas emissões e assistir países mais vulneráveis em suas ações de adaptação e mitigação. Assim, reconheceu-se também a necessidade de garantir o crescimento econômico dos países em desenvolvimento (Motta et al., 2011).

Muitos dos compromissos da Rio-92 (conhecida também como Eco-92) só foram colocados em prática alguns anos após sua realização e inúmeros deles ainda continuam somente no papel. Os compromissos assumidos só foram colocados (em parte) em prática com a assinatura do Protocolo de Quioto (PQ), em 1997, "por meio do qual 37 países desenvolvidos se comprometeram a reduzir, em conjunto, em 5,2% suas emissões em relação a 1990" (Motta et al., 2011, p. 12). O tratado é um instrumento jurídico complementar vinculado à Convenção do Clima, negociado na cidade japonesa de Quioto em 1997. Foi o primeiro passo concreto de combate às mudanças climáticas globais, uma vez que estabeleceu compromissos legais vinculantes (obrigatórios) de limitação e redução das emissões de GEE.

Antes da Eco-92, outros eventos e ações internacionais ocorreram, entre eles o Protocolo de Montreal, que previa acordo internacional sobre substâncias que destroem a camada de ozônio. O acordo foi assinado em 16 de setembro de 1987. Entrou em vigor dois anos depois (em 1989). Foi revisto nas reuniões de Londres (1990), Copenhague (1992), Viena (1995), Montreal (1997) e Pequim (1999). O protocolo controla a produção e o uso de substâncias químicas que contenham cloro e bromo, como o CFC, que destroem o ozônio estratosférico, na camada conhecida como *ozonosfera*.

Síntese

Neste capítulo, apresentamos os principais impactos ambientais sobre o solo, que ocorrem em ambientes urbanos e rurais. Nos primeiros, o agravamento dos problemas erosivos está diretamente relacionado ao crescimento vertiginoso da população, em razão da falta de planejamento e de práticas de parcelamento do solo deficitárias. Também nas áreas rurais, os impactos são numerosos e o uso inadequado do solo ocasiona problemas de diversas ordens.

Além disso, demonstramos que certos solos são mais suscetíveis à erosão que outros, de acordo com suas características físicas; principalmente textura, permeabilidade e profundidade. Solos arenosos, por exemplo, são mais suscetíveis à erosão. Para proteger os solos, é fundamental desenvolver técnicas conservacionistas, simples e de fácil adoção, como o sistema de plantio direto (SPD), o menor revolvimento possível da terra, a rotação de cultura, entre outros.

Muitas são as resoluções, leis, conferências e órgãos (municipais, estaduais e federais) de proteção ao meio ambiente existentes em nosso país. Interessa, pois, buscar um melhor ordenamento do ambiente urbano primando pela qualidade de vida da população, ou seja, trabalhar por uma cidade sustentável. Melhorar a mobilidade urbana, diminuir a poluição sonora e atmosférica, qualificar o descarte de resíduos sólidos, aumentar a eficiência energética e a economia de água, entre outros aspectos, contribuem para esse intento. Não é diferente nos ambientes rurais, onde o uso sustentável da terra é essencial para que o solo e a água não venham a ser contaminados, uma vez que os efeitos sobre o solo afetam diretamente a economia de todos os países.

Para saber mais

O PONTO DE MUTAÇÃO. Direção: Bernt Capra. EUA: Overseas Filmgroup, 1991. 111 min. Disponível em: <https://www.youtube.com/watch?v=tQlOIa80w5Y>. Acesso em: 31 jul. 2016.

O filme baseia-se no livro *O ponto de mutação*, de Fritjof Capra, e aborda as implicações e impactos dos principais problemas visíveis do século XX – ameaça nuclear, destruição do meio ambiente, desigualdades e exploração gritante entre Norte e Sul, preconceitos políticos e raciais.

Questões para revisão

1. Leia o trecho a seguir:

   > significa que todo o planeta Terra está se aquecendo, ou seja, a temperatura atmosférica média da superfície está se elevando ao longo dos anos como consequência do aumento do efeito estufa, resultante do incremento na concentração atmosférica de alguns GEE (gases de efeito estufa), em especial o CO_2, o CH_4 e o N_2O. (Cordeiro et al., 2011)

   O trecho refere-se ao conceito de:
   a) desenvolvimento sustentável.
   b) mecanismo de desenvolvimento limpo.
   c) aquecimento global.

d) efeito estufa.
e) impactos ambientais.

2. Leia o trecho a seguir:

> [...] os países reconheceram o conceito de desenvolvimento sustentável e começaram a moldar ações com o objetivo de proteger o meio ambiente. Desde então, estão sendo discutidas propostas para que o progresso se dê em harmonia com a natureza, garantindo a qualidade de vida tanto para a geração atual quanto para as futuras no planeta. (Conferência..., 2012)

A conferência que tratou sobre a temática proposta na frase acima refere-se à ou ao:
a) Rio-92.
b) Protocolo de Montreal.
c) Protocolo de Quioto.
d) Conferências das Partes.
e) ONU.

3. Sobre a natureza, declividade e manejo do solo, leia atentamente as informações a seguir e assinale V para as verdadeiras e F para as falsas.
   ( ) Certos solos são mais suscetíveis à erosão do que outros, de acordo com suas características físicas, notadamente textura, permeabilidade e profundidade. Solos de textura arenosa são os mais facilmente erodidos.
   ( ) A declividade ou grau de inclinação do terreno não influencia na concentração, dispersão e velocidade da enxurrada.

A velocidade da água escoada é a mesma, independentemente da inclinação do terreno.
( ) O modo como a terra é manejada, ou seja, se está ou não recoberta de vegetação, bem como o sistema de cultivo, são fatores importantes para condicionar a maior ou menor mobilidade do solo.
( ) Solos complemente cobertos com vegetação estão em condições ideais para resistir à erosão e absorver a água das chuvas.
( ) Solos profundos são mais erodíveis que os rasos, pois é nos primeiros que a água da chuva se acumula, facilitando o escoamento.

Assinale a alternativa que apresenta a sequência correta de preenchimento.

a) V, F, V, V, F
b) V, V, F, V, F
c) F, V, F, F, V
d) V, F, V, V, V
e) F, F, V, V, V

4. As alternativas a seguir elencam fatores basilares de degradação dos solos, **exceto**:
    a) Desmatamento ou remoção da vegetação natural para fins de agricultura, florestas comerciais, construção de estradas e urbanização.
    b) Superpastejo da vegetação.
    c) Atividades industriais ou bioindustriais que causam a poluição do solo.
    d) Ausência de práticas conservacionistas.
    e) Manutenção cobertura verde do solo, construção de terraços, rotação de cultura.

5. As práticas conservacionistas são divididas em edáficas, vegetativas e mecânicas, conforme se utilizem modificações nos sistemas de cultivo, na vegetação ou se recorra à construção de estruturas de terra para a contenção do escoamento superficial, respectivamente.
Relacione corretamente as práticas a suas definições:
I. Práticas de caráter mecânico
II. Práticas de caráter vegetativo
III. Práticas de caráter edáfico
( ) São aquelas que, com modificações no sistema de cultivo, além do controle da erosão, mantêm ou melhoram a fertilidade do solo.
( ) São aquelas que utilizam estruturas artificiais, visando à interceptação ou à condução do escoamento superficial. Essa interceptação pode ser feita por meio de terraços, canais escoadouros ou divergentes, bacias de captação de águas pluviais, barragens, entre outras.
( ) São aquelas que se valem da vegetação para proteger o solo contra a ação direta da precipitação, minimizando o processo erosivo. A manutenção de cobertura adequada no solo é um dos princípios básicos para a sua conservação.
Assinale a ordem correta das alternativas:
a) I, II, III
b) II, III, I
c) III, II, I
d) I, III, II
e) II, I, III

6. Como ocorre o planejamento conservacionista do solo?

Questões para reflexão

1. Sobre a classificação dos resíduos, acesse o *link* <http://www.ambientebrasil.com.br>, que aborda como os resíduos são classificados.
   a) Faça uma relação de todos os resíduos que são descartados diariamente na sua casa.
   b) Classifique todos os resíduos descartados quanto a suas características físicas e quanto a sua composição química.

2. Leia a seguinte lista com ações para reduzir as emissões de CO_2:
   » Dirigir um carro que utilize combustível eficiente, caminhar, andar de bicicleta, pegar carona ou usar transporte coletivo.
   » Usar janelas eficientes em energia.
   » Usar aparelhos e luzes eficientes em energia.
   » Reduzir o lixo para reciclagem e reaproveitamento.
   » Usar lâmpadas fluorescentes compactas.
   » Plantar árvores para fazer sombra em sua casa durante o verão.

   Quais as três ações, dentre as citadas, você considera mais importantes? Que ações dessa lista você adota ou planeja adotar? Acrescentaria outras?

Estudo de caso

Depois de 11 anos de negociações e adiamentos, o Congresso Federal aprovou o Estatuto da Cidade (por meio da Lei Federal 10.257/2001), que regulamenta o capítulo de política urbana (arts. 182 e 183) da Constituição Federal de 1988.

Encarregada pela Constituição de definir o que significa cumprir a função social da cidade e da propriedade urbana, a nova lei delega essa tarefa aos municípios, oferecendo para as cidades um conjunto inovador de instrumentos de intervenção sobre seus territórios, além de nova concepção de planejamento e gestão urbanos.

Sendo assim, o estatuto define quais são as ferramentas que o Poder Público, especialmente o município, deve utilizar para enfrentar os problemas de desigualdade social e territorial nas cidades e quais são os benefícios de sua implementação.

Considerando isso, propomos que você pesquise, no município onde reside, se está sendo posta em prática a "Diretriz geral de política urbana", que garante o direito às cidades sustentáveis, à gestão democrática da cidade, à ordenação e ao controle do uso do solo visando evitar a retenção especulativa de imóvel urbano, à regularização fundiária e à urbanização de áreas ocupadas por população de baixa renda.

Entre as diretrizes gerais previstas no art. 2º do Estatuto da Cidade, cabe destacar as seguintes:

a. Garantia do direito a cidades sustentáveis, entendido como o direito à terra urbana, à moradia, ao saneamento ambiental, à infraestrutura urbana, ao transporte e a serviços públicos, ao trabalho e ao lazer, para as presentes e futuras gerações.

b. Gestão democrática, por meio da participação da população e de associações representativas dos vários segmentos da comunidade na formulação, execução e acompanhamento de planos, programas e projetos de desenvolvimento urbano.

c. Ordenação e controle do uso do solo, de forma a evitar: a utilização inadequada dos imóveis urbanos; o parcelamento do solo, a edificação ou o uso excessivos ou inadequados em relação à infraestrutura urbana; a retenção especulativa de imóvel urbano, que resulte na sua subutilização ou não utilização; a deterioração das áreas urbanizadas.

Para concluir...

O estudo dos sistemas terrestres exige fundamentos, métodos, técnicas e tecnologias desenvolvidas em várias ciências da terra. Em especial, destacamos nesta obra a geologia, a geomorfologia e a pedologia, considerando serem estas ciências capazes de fornecer elementos para o trabalho voltado à gestão ambiental integrada.

O conhecimento dos elementos da geologia que envolvem as dinâmicas internas e externas da crosta foram fundamentais para explicar como se produzem as condições para o modelado do relevo terrestre, permitindo compreender a base da formação mineralógica e a estrutura da superfície rochosa. O trabalho de análise ambiental deve conter os elementos geológicos combinados com outras ciências, em busca da compreensão do sistema ou área de estudo.

A geomorfologia é a ciência do relevo terrestre e permite desenvolver classificações de paisagens e identificação de domínios de natureza. A análise geomorfológica possibilita conhecer a compartimentação morfológica, a estrutura superficial e a fisiologia da paisagem. Essa metodologia pode ser aplicada no estudo ambiental, combinando técnicas de cartografia geomorfológica e sistemas de informação geográfica.

A pesquisa sobre os solos é fundamental para o reconhecimento dessa porção da superfície na qual se relacionam os sistemas vivos e não vivos. Já a pedologia auxilia no estudo ambiental do solo, de suas classes e condições de fertilidade, da ação dos macro, meso e micro-organismos, dos atributos físicos e de suas relações com a hidrosfera, a atmosfera e a biosfera.

Considerando a importância dos solos para os domínios da natureza, dedicamo-nos a aprofundar o conhecimento dos solos brasileiros, por meio da apresentação do Sistema Brasileiro de Classificação de Solos, que revela orientações e parâmetros para a análise e tal classificação. Entendemos que os levantamentos pedológicos são fundamentais na análise ambiental, permitindo aos envolvidos definir ações de recuperação, controle da erosão e poluição, manejo sustentável e desenvolvimento da fertilidade.

Refletindo sobre a necessidade de formar gestores ambientais para análise integrada das unidades de paisagem, sobre as quais operam os processos naturais e humanos, na presente obra intensificamos a abordagem sobre os impactos ambientais produzidos pela ação de atividades industriais e agrícolas, no meio urbano e rural. Acreditamos que o gestor ambiental, munido do conhecimento geofísico, será capaz de perceber as alterações e identificar processos, realizar diagnósticos e propor soluções.

Aqui, tivemos a oportunidade de apresentar, refletir e sugerir fundamentos e métodos científicos para o estudo ambiental. Temos a convicção de que a integração dos saberes é premissa básica para a compreensão dos sistemas naturais e humanos. Cremos ainda que essa compreensão permitirá ao gestor ambiental participar das atividades econômicas e sociais, em busca do uso sustentável dos recursos naturais e fontes de energia.

Referências

AB'SÁBER, A. N. Um conceito de geomorfologia a serviço das pesquisas sobre o Quaternário. **Geomorfologia**, São Paulo, n. 18, p. 1-23, 1969. Disponível em: <http://xa.yimg.com/kq/groups/14599993/294513207>. Acesso em: 19 abr. 2017.

ABNT – Associação Brasileira de Normas Técnicas. **NBR 6502**: rochas e solos. Rio de Janeiro, 1995.

_____. **NBR 10004**: resíduos sólidos – classificação. Rio de Janeiro, 2004.

ABREU, A. A. de. A teoria geomorfológica e sua edificação: análise crítica. **Revista do Instituto Geológico**, São Paulo, v. 4, n. 1-2, p. 5-23, jan./dez. 1983. Disponível em: <http://www.ppegeo.igc.usp.br/index.php/rig/article/viewFile/8761/8028>. Acesso em: 19 abr. 2017.

ACHKAR, M.; DOMINGUEZ, A. **Problemas epistemológicos de la geomorfologia**. Montevideo: Facultad de Ciências, 1994.

AGEITEC – Agência Embrapa de Informação Tecnológica. Árvore do conhecimento. Soja. **Origem da acidez**. Disponível em: <http://www.agencia.cnptia.embrapa.br/gestor/soja/arvore/CONTAG01_34_271020069132.html>. Acesso em: 18 maio 2017.

ALMEIDA, G. C. P. de. **Caracterização física e classificação dos solos**: Universidade Federal de Juiz de Fora, Faculdade de Engenharia, Departamento de Transportes. 2005. Notas de aulas. Disponível em: <http://ufrrj.br/institutos/it/deng/rosane/downloads/material%20de%20apoio/APOSTILA_SOLOS.pdf>. Acesso em: 13 abr. 2017.

ARABY, M. E. Urban Growth and Environmental Degradation: Case of Cairo, Egypt. **Cities**, Amsterdam, v. 19, n. 6, p. 389-400, Dec. 2002.

ARAÚJO, D. M. de. Os dilemas do princípio do

poluidor-pagador na atualidade. **Planeta Amazônia: Revista Internacional de Direito Ambiental e Políticas Públicas**, Macapá, n. 3, p. 153-162, 2011. Disponível em: <https://periodicos.unifap.br/index.php/planeta/article/download/440/AraujoN3.pdf>. Acesso em: 22 maio 2017.

BALDWIN, M.; KELLOGG, C. E.; THORP, J. Soil Classification. In: UNITED STATES DEPARTMENT OF AGRICULTURE. **Soils and Men:** Yearbook of Agriculture. Washington, DC: United States Government Printing Office, July 1938. p. 979-1001.

BARBOSA, R. dos S. **Diagnóstico ambiental da bacia hidrográfica do Riacho Açaizal em Senador La Rocque/MA**. Goiânia, 2010. 123 f. Dissertação (Geografia) - Mestrado em Geografia, Universidade Federal de Goiás.

BERTONI, J.; LOMBARDI NETO, F. **Conservação do solo**. São Paulo: Ícone, 1990.

BIGARELLA, J. J.; MOUSINHO, M. R.; SILVA, J. X. Pediplanos, pedimentos e seus depósitos correlativos no Brasil. **Boletim Paranaense de Geografia**, Curitiba, n. 16-17, p. 117-151, 1965. Disponível em: <https://revistas.ufrj.br/index.php/EspacoAberto/article/view/7650/6181>. Acesso em: 19 abr. 2017.

BITAR, O. Y.; ORTEGA, R. D. Gestão ambiental. In: OLIVEIRA, A. M. S.; BRITO, S. N. A. (Ed.). **Geologia de engenharia**. São Paulo: ABGE - Associação Brasileira de Geologia de Engenharia, 1998. p. 499-508.

BRASIL. Fundação Nacional da Saúde. **Manual de saneamento**. 3 ed. rev. Brasília: Fundação Nacional da Saúde, 2004.

CARVALHO, J. C. de; LIMA, M. C.; MORTARI, D. Considerações sobre prevenção e controle de voçorocas. In: SIMPÓSIO NACIONAL DE CONTROLE DE EROSÃO, 7., 2001, Goiânia, GO. **Anais**... Goiânia: Labogef - Laboratório de Geomorfologia, Pedologia e Geografia Física; UFG - Universidade Federal de Goiás, 2001. Disponível em:

<http://www.labogef.iesa.ufg.br/links/simposioerosao/textos/P0406.doc>. Acesso em: 13 jun. 2017.

CARVALHO, L. de. Mãe Biela deixará de receber lixo. **O Diário**, Paraná, 24 jun. 2010. Disponível em: <http://digital.odiario.com/parana/noticia/311687/mae-biela-deixara-de-receber-lixo/>. Acesso em: 8 ago. 2016.

CARVALHO, P. C. F. et al. Importância da estrutura da pastagem na ingestão e seleção de dietas pelo animal em pastejo. In: REUNIÃO ANUAL DA SOCIEDADE BRASILEIRA DE ZOOTECNIA, 38., 2001, Piracicaba. **Anais**... Piracicaba: FEALQ, 2001. p. 853-871.

CASSETI, V. **Elementos de geomorfologia**. Goiânia: Ed. UFG, 2001.

CASSETI, V. **Geomorfologia**. 2005. Disponível em: <http://www.funape.org.br/geomorfologia/>. Acesso em: 4 set. 2016.

CENTURION, J. F. et al. Compactação do solo no desenvolvimento e na produção de cultivares de soja. **Científica**, Jaboticabal, v. 34, n. 2, p. 203-209, 2006. Disponível em: <http://cientifica.org.br/index.php/cientifica/article/viewFile/119/85>. Acesso em: 19 abr. 2017.

CETESB – Companhia Ambiental do Estado de São Paulo. **Poluição**. Qualidade do Solo. Disponível em: <http://solo.cetesb.sp.gov.br/solo/informacoes-basicas/informacoes-basicas-solo/poluicao/>. Acesso em: 26 set. 2016.

CONAMA – Conselho Nacional do Meio Ambiente. Resolução n. 001, de 23 janeiro de 1986. **Diário Oficial da União**, Brasília, DF, 17 fev. 1986. Disponível em: <http://www.mma.gov.br/port/conama/res/res86/res0186.html>. Acesso em: 18 jul. 2016.

CONFERÊNCIA Rio-92 sobre o meio ambiente do planeta: desenvolvimento sustentável dos países. **Em discussão!** Revista de audiência pública do Senado Federal, ano 3, n. 11, junho 2012. Disponível em: <www.senado.gov.br/noticias/Jornal/emdiscussao/rio20/a-rio20/

conferencia-rio-92-sobre-o-meio-ambiente-do-planeta-desenvolvimento-sustentavel-dos-paises.aspx>. Acesso em 23 maio 2017.

CORDEIRO, L. A. M. et al. **O aquecimento global e a agricultura de baixa emissão de carbono**. Brasília: Mapa; Embrapa; FEBRAPDP, 2011. Disponível em: <http://www.agricultura.gov.br/assuntos/sustentabilidade/plano-abc/arquivo-publicacoes-plano-abc/o-aquecimento-global-e-a-agricultura-de-baixa-emissao-de-carbono.pdf/view>. Acesso em: 26 set. 2016.

COSTA, S. M. F. da; CINTRA, J. P. Environmental Analysis of Metropolitan Areas in Brazil. **Photogrammetry & Remote Sensing**, v. 54, p. 41-49, 1999.

DAVIS, W. M. The Geographical Cycle. **The Geographical Journal**, v. 14, n. 5, p. 481-504, nov. 1899. Disponível em <http://www.ugb.org.br/home/artigos/classicos/Davis_1899.pdf>. Acesso em: 16 maio 2017.

DUBEUX, C. B. S. Complementaridade entre políticas de combate ao aquecimento global e qualidade de vida. In: MOTTA, R. S. da. et al. (Ed.). **Mudança do clima no Brasil**: aspectos econômicos, sociais e regulatórios. Brasília: Ipea, 2011. p. 58-75. Disponível em: <http://www.ipea.gov.br/portal/images/stories/PDFs/livros/livros/livro_mudancadoclima_port.pdf>. Acesso em: 19 abr. 2017.

DULNIK, M. R. et al. Impactos ambientais das atividades agropecuárias: estudo de caso Fazenda Jaguatirica – Laranjeiras do Sul-PR. **Geoambiente On-line**, Jataí, GO, n. 11, p. 221-241, jul./dez. 2008. Disponível em: <https://www.revistas.ufg.br/geoambiente/article/view/25974/14943>. Acesso em: 19 abr. 2017.

EDWARDS, C. A. (Ed.). **Environmental Pollution by Pesticides**. London/New York: Plenium, 1973.

EIRA, A. F. da. Influência da cobertura morta na biologia do solo. In:

SEMINÁRIO SOBRE CULTIVO MÍNIMO DO SOLO EM FLORESTAS, 1., 1995, Curitiba, PR. **Anais**... Piracicaba: IPEF – instituto de Pesquisas e Estudos Florestais, 1995. Disponível em: <http://www.ipef.br/publicacoes/seminario_cultivo_minimo/cap03.pdf>. Acesso em: 18 jul. 2016.

EMBRAPA – Empresa Brasileira de Pesquisa Agropecuária. Feijão. **Sistemas de Produção**, n. 4, dez. 2004. Disponível em: <https://www.spo.cnptia.embrapa.br/listasptema?p_p_id=listaspportemaportlet_WAR_sistemasdeproducaolf6_1ga1ceportlet&p_p_lifecycle=0&p_p_state=normal&p_p_mode=view&p_p_col_id=column-2&p_p_col_count=1&p_r_p_619796851_temaId=2603&_listaspportemaportlet_WAR_sistemasdeproducaolf6_1ga1ceportlet_redirect=%2Ftemas-publicados>. Acesso em: 6 ago. 2016.

EMBRAPA – Empresa Brasileira de Pesquisa Agropecuária. Centro Nacional de Pesquisa de Solos. **Sistema brasileiro de classificação de solos**. 2. ed. Rio de Janeiro: Embrapa Solos, 2006. Disponível em: <https://www.agrolink.com.br/downloads/_sistema-brasileiro-de-classificacao-dos-solos2006.pdf>. Acesso em: 19 abr. 2017.

EMBRAPA. Monitoramento por satélite. **Impacto ambiental das atividades humanas.** Disponível em: <http://www.cana.cnpm.embrapa.br/impacana.html>. Acesso em: 22 maio. 2017.

EMBRAPA – Empresa Brasileira de Pesquisa Agropecuária. Serviço Nacional de Levantamento e Conservação de Solos. **Sistema Brasileiro de classificação de solos (2ª aproximação).** Rio de Janeiro, 1981.

ESCUDO. In: **Glossário geológico ilustrado.** SIGEP–Comissão Brasileira de Sítios Geológicos e Paleobiológicos. Disponível em: <http://sigep.cprm.gov.br/glossario>. Acesso em: 3 abr. 2017.

FAGERIA, N. K.; STONE, L. F. **Qualidade do solo e meio ambiente**. Santo Antônio de Goiás: Embrapa Arroz e Feijão, 2006. Disponível em: <http://ainfo.cnptia.embrapa.br/digital/bitstream/CNPAF/25088/1/doc_197.pdf>. Acesso em: 11 abr. 2017.

FAO – Organização das Nações Unidas para a Alimentação e a Agricultura. **Figure 3**: Status and Trends in Global Land Degradation. Disponível em: <http://www.fao.org/fileadmin/user_upload/newsroom/docs/land-status.pdf>. Acesso em: 6 ago. 2016.

FAO – Organização das Nações Unidas para a Alimentação e a Agricultura; UNESCO – Organização das Nações Unidas para a Educação, a Ciência e a Cultura. **Soil Map of the World**: Legend. Paris, 1974. 13 mapas: color. Escala 1:5.000.000. v. 1. Disponível em: <http://www.fao.org/soils-portal/soil-survey/soil-maps-and-databases/fao-unesco-soil-map-of-the-world/en/>. Acesso em: 13 abr. 2017.

FERNANDEZ, R. Bacia do Paraná. In: RODADA DE LICITAÇÕES PETRÓLEO E GÁS, 12., SEMINÁRIO TÉCNICO-AMBIENTAL, 1., Rio de Janeiro, 2013. **Anais**... Brasília, ANP – Agência Nacional do Petróleo, Gás Natural e Biocombustíveis – 2013. 82 slides em pdf. Disponível em: <http://www.brazilrounds.gov.br/round_12/portugues_R12/seminarios.asp>. Acesso em: 24 maio 2017.

FERREIRA, M. B. T.; CASSANI, J. E. M. Combustíveis fósseis versus biocombustíveis na liberação de gás carbônico durante a combustão. In: LEITE, S. Q. M. (Org.). **Práticas experimentais investigativas em ensino de ciências**: caderno de experimentos de física, química e biologia – espaços de educação não formal – reflexões sobre o ensino de ciências. Vitória: Instituto Federal de Educação, Ciência e Tecnologia do Espírito Santo; Secretaria de Estado de Educação do Espírito Santo, 2012. p. 160-162.

GARBOSSA, R. A.; SILVA, R. S. Impactos das ocupações desordenadas das margens do Rio Iraí na região metropolitana de Curitiba-Brasil e do Rio Salí na área conurbada Del Gran San Miguel de Tucumán. In: In: BIENAL DEL COLOQUIO DE TRANSFORMACIONES TERRITORIALES, 10., BIENAL DEL COLOQUIO DE TRANSFORMACIONES TERRITORIALES, 10., 2014, Córdoba - Argentina. **Anales**... Córdoba: UNC, 2014. v. 1. p. 247-263.

GARBOSSA, R. A.; SILVA, R. S. **O processo de produção do espaço urbano**: impactos e desafios de uma nova urbanização. Curitiba: InterSaberes, 2016.

GOMES, E. R. S. et al. Poluição do solo causada pelo uso excessivo de agrotóxicos e fertilizantes - zona rural, Viçosa-MG. SIMPÓSIO DE MAIO AMBIENTE, 6., 2010, Viçosa, MG. **Anais**... Viçosa: CBCN - Centro Brasileiro para a Conservação da Natureza e Desenvolvimento Sustentável. Disponível em: <http://www.cbcn.org.br/simposio/2010/palestras/agrotoxicos.pdf>. Acesso em: 18 abr. 2017.

GUARÇONI, A. Calagem e adubação de fruteiras. In: CONGRESSO BRASILEIRO DE FRUTICULTURA, 20.; ANNUAL MEETING OF THE INTERAMERICAN SOCIETY FOR TROPICAL HORTICULTURE, 54., 2008, Vitória, ES. **Anais**... Vitória: SBF - Sociedade Brasdileira de Fruticultura, 2008. Disponível em: <http://biblioteca.incaper.es.gov.br/digital/bitstream/item/110/1/MINICURSO-CD-3-CALAGEM-E-ADUBACAO-DE-FRUTEIRAS-Andre-Guarconi.pdf>. Acesso em: 18 set. 2016.

GUERRA, A. J. T. **Coletânea de textos geográficos**. Rio de Janeiro: Bertrand Brasil, 1994.

GUERRA, A. J. T.; CUNHA, S. B. da C. **Geomorfologia**: uma atualização de bases e conceitos. 2. ed. Rio de Janeiro: Bertrand Brasil, 1995.

HAMELIN, L. E. Géomorphologie: geographie globale – geographie totale. **Cahiers de Geographie de Quebec**, v. 8, n. 16, p. 199-218, 1964.

HASUI, Y. A grande colisão pré-cambriana do Sudeste brasileiro e a estruturação regional. **Geociências**, Rio Claro, SP, v. 29, n. 2, p. 141-169, 2010. Disponível em: <http://www.revistageociencias.com.br/geociencias-arquivos/29_2/Art_1_Hasui.pdf>. Acesso em: 12 jun. 2017.

HEINRICHS, R. **Estrutura do solo**. Dracena: Universidade Estadual Paulista, 2010. 19 slides em PowerPoint: color. Disponível em: <http://www2.dracena.unesp.br/graduacao/arquivos/solos/aula_6_estrutura_do_solo.pdf>. Acesso em: 26 set. 2016.

HERNANI, L. C. Biologia do solo. **Ageitec** - Agência Embrapa de Informação Tecnológica. Árvore do conhecimento. Sistema plantio direto. Disponível em: <http://www.agencia.cnptia.embrapa.br/gestor/sistema_plantio_direto/arvore/CONT000fh2b6ju702wyiv80rn0etnp34lvqd.html>. Acesso em: 17 maio 2017a.

HERNANI, L. C. Microrganismos. **Ageitec** - Agência Embrapa de Informação Tecnológica. Árvore do conhecimento. Sistema plantio direto. Disponível em: <http://www.agencia.cnptia.embrapa.br/gestor/sistema_plantio_direto/arvore/CONT000fwuzxobq02wyiv807fiqu9mw1rx0t.html>. Acesso em: 17 maio 2017b.

HERNANI, L. C.; KURIHARA, C. H.; SILVA, W. M. Sistemas de manejo de solo e perdas de nutrientes e matéria orgânica por erosão. **Revista Brasileira de Ciência do Solo**, Viçosa, MG, v. 23, p. 145-154, 1999. Disponível em: <http://www.scielo.br/pdf/rbcs/v23n1/18.pdf>. Acesso em: 18 jul. 2016.

IBGE - Instituto Brasileiro de Geografia e Estatística. **Atlas escolar**. Estrutura geológica. Disponível em: <http://atlasescolar.ibge.gov.br/images/atlas/mapas_mundo/mundo_057_estrutura_geologica.pdf>. Acesso em: 15 maio. 2017.

IBGE - Instituto Brasileiro de Geografia e Estatística. **Manual técnico de pedologia**. 2. ed. Rio de Janeiro: IBGE, 2007. (Manuais Técnicos em Geociências, n. 4). Disponível em: <http://biblioteca.ibge.gov.br/visualizacao/livros/liv37318.pdf>. Acesso em: 5 ago. 2016.

JACOMINE, P. K. T. A nova classificação brasileira de solos. In: APCA–Academia Pernambucana de Ciência Agronômica (Org.). **Anais da Academia Pernambucana de Ciência Agronômica**. Recife: APCA, 2008/2009, p.161-179, v. 5/6. Disponível em: <http://www.ead.codai.ufrpe.br/index.php/apca/article/viewFile/178/161>. Acesso em: 18 maio 2017.

JAFELICCI JUNIOR, M.; VARANDA, L. C. O mundo dos coloides. **Química Nova na Escola**, n. 9, maio 1999. p. 9-13. Disponível em: <http://qnesc.sbq.org.br/online/qnesc09/quimsoc.pdf>. Acesso em: 12 abr. 2017.

JAPIASSÚ, H.; MARCONDES, D. **Dicionário básico de filosofia**. 3. ed., rev. e ampl. Rio de Janeiro: Jorge Zahar, 2001.

JENNY, H. **The soil resource**: original and resource. New York: Springer-Verlag, 1980. (Ecological studies, 37).

JORGE, J. A; CAMARGO, O. A.; VALADARES, J. M. A. S. Condições físicas de um latossolo vermelho-escuro quatro anos após a aplicação de lodo de esgoto e calcário. **Revista Brasileira da Ciência do Solo**, Viçosa, MG, v. 15, n. 3, p. 237-240, 1991.

KARMANN, I. Ciclo da água: água subterrânea e sua ação geológica. In: TEIXEIRA, W. et al. **Decifrando a Terra**. São Paulo: Oficina de Textos, 2000. p. 113-138.

KRAEMER, M. E. P. A questão ambiental e os resíduos industriais. In: ENCONTRO NACIONAL DE ENGENHARIA DE PRODUÇÃO, 25., 2005, Porto Alegre, RS. **Anais**... Porto Alegre: Abepro - Associação Brasileira de Engenharia de Produção, 2005.

KÜGLER, H. Kartographish semiotische Prinzipien und ihre

Anwendung aug geomorphologische Karten. **Petermanns Geographische Mitteilungen**, Gotha, Deutschland, v. 120, n. 1, p. 65-78, 1976a.

KÜGLER, H. Zur Aufgabe der geomorphologischen Forschung und Kartierung in der DDR. **Petermanns Geographische Mitteilungen**, Gotha, Deutschland, v. 120, n. 2, p. 154-160, 1976b.

LEINZ, V.; AMARAL, S. E. do. **Geologia geral**. 12. ed. São Paulo: Nacional, 1995.

LEPSCH, I. F. **Formação e conservação dos solos**. São Paulo: Oficina de Textos, 2002.

LEPSCH, I. F. **19 lições de pedologia**. São Paulo: Oficina de textos, 2011.

LICHT, O. A. B. **Prospecção geoquímica**: princípios, técnicas e métodos. Rio de Janeiro: CPRM, 1998.

LIMA, H. M. F. **Introdução à modelação ambiental**: erosão hídrica. Funchal: Portugal, 2010.

MACIEL, M. 2015 é o Ano Internacional dos Solos. 13 jan. 2015. Disponível em: <http://sustentabilidades.com.br/index.php?option=com_content&view=article&id=1474:2015-e-o-ano-internacional-dos-solos&catid=3:noticias>. Acesso em: 19 maio 2017.

MAGALHAES, R. A. Erosão: definições, tipos e formas de controle. SIMPÓSIO NACIONAL DE CONTROLE DE EROSÃO, 7., 2001, Goiânia. **Anais**... Goiânia: UFG – Universidade Federal de Goiás, 2001. Disponível em: <http://www.labogef.iesa.ufg.br/links/simposio_erosao/articles/t084.pdf>. Acesso em: 19 abr. 2017.

MALAVOLTA, E. **Elementos de nutrição mineral de plantas**. São Paulo: Ceres, 1980.

MENDES, A. M. S. **Introdução à fertilidade do solo**. Notas de aulas. Barreiros, BA, 1º jun. 2007. Disponível em: <http://ainfo.cnptia.embrapa.br/digital/bitstream/CPATSA/35800/1/OPB1291.pdf>. Acesso em: 5 ago. 2016.

MERCANTE, F. M.; SILVA, R. F. da. Macrorganismos. **Ageitec – Agência Embrapa de Informação Tecnológica. Árvore do conhecimento. Sistema plantio direto.** Disponível em: <http://www.agencia.cnptia.embrapa.br/gestor/sistema_plantio_direto/arvore/CONT000fwuzxobq02wyiv807fiqu9t65gzwu.html>. Acesso em: 17 maio 2017.

MIRANDA, E. E. de et al. Impacto Ambiental das Atividades Humanas. In: ____. Impacto ambiental da cana-de-açúcar. **EMBRAPA – Empresa Brasileira de Pesquisa Agropecuária**: Monitoramento por satélite. 1997. Disponível em: <http://www.cana.cnpm.embrapa.br/impacana.html>. Acesso em: 18 abr. 2017.

MOREIRA, I. **O espaço geográfico**: geografia geral e do Brasil. São Paulo: Ática, 1999.

MOTTA, D. M. **Gestão do uso do solo e disfunções do crescimento urbano**: instrumentos de planejamento e gestão urbana em aglomerações urbanas – uma análise comparativa. Brasília: Ipea, 2002.

MOTTA, R. S. da. et al. Introdução. In: MOTTA, R. S. da. et al. (Ed.). **Mudança do clima no Brasil**: aspectos econômicos, sociais e regulatórios. Brasília: Ipea, 2011. p. 58-75. Disponível em: <http://www.ipea.gov.br/portal/images/stories/PDFs/livros/livros/livro_mudancadoclima_port.pdf>. Acesso em: 19 abr. 2017.

MOTTA, R. S. da. et al. (Ed.). **Mudança do clima no Brasil**: aspectos econômicos, sociais e regulatórios. Brasília: Ipea, 2011. Disponível em: < http://www.ipea.gov.br/portal/images/stories/PDFs/livros/livros/livro_mudancadoclima_port.pdf>. Acesso em: 19 abr. 2017.

MUNSELL COLOR. **Munsell soil-color charts**. Grand Rapids, MI: Munsell Color, 2009.

NASCENTE, J. P. C.; FERREIRA, O. M. **Impactos socioambientais provocados pelas ocupações irregulares do solo urbano**: estudo de caso do loteamento Serra Azul. Goiânia:

Universidade Católica de Goiás, 2007. Disponível em: <http://www.ucg.br/ucg/prope/cpgss/arquivosupload/36/file/impactos%20s%C3%93cio-ambientais%20provocados%20pelas%20ocupa%C3%87%C3%95es%20irregulares.pdf>. Acesso em: 26 set. 2016.

NUNES, C. Solo. **Fiocruz** - Fundação Oswaldo Cruz. Sistema de Informação em Biossegurança. Disponível em: <http://www.fiocruz.br/biosseguranca/Bis/infantil/solo.htm>. Acesso em: 18 abr. 2017.

OLIVEIRA, A. M. S. Depósitos tecnogênicos associados à erosão atual. In: CONGRESSO BRASILEIRO DE GEOLOGIA DE ENGENHARIA, 6., 1990, Salvador. **Anais**... São Paulo: ABGE - Associação Brasileira de Geologia de Engenharia Ambiental, p. 411-415, v. 1.

OLIVEIRA, C. de. **Dicionário cartográfico**. 3. ed. rev. e aum. Rio de Janeiro: IBGE, 1987.

OLIVEIRA, I. P. de; SANTOS, A. B. dos. Correção da acidez do solo. In: AIDAR, H.; KLUTHCOUSKI, J.; STONE, L. F. (Ed.). **Produção do feijoeiro comum em várzeas tropicais**. Santo Antônio de Goiás: Embrapa Arroz e Feijão, 2002.

OLIVEIRA, I. P. et al. Uso da terra natural de Ipirá como fertilizante natural na produção de arroz. In: CONGRESSO BRASILEIRO DA CADEIA PRODUTIVA DE ARROZ, 2.; REUNIÃO NACIONAL DE PESQUISA DE ARROZ, 8., 2006, Brasília, DF. **Anais**... Santo Antônio de Goiás: Embrapa Arroz e Feijão, 2006. (Documentos, v. 196). Disponível em: <http://www.alice.cnptia.embrapa.br/handle/doc/214119>. Acesso em: 18 maio 2017.

OLIVEIRA, R. G.; MEDEIROS, W. E. Evidences of Buried Loads in the Base of the Crust of Borborema Plateau (NE Brazil) from Bouguer admittance estimates. **Journal of South American Earth Sciences**, v. 37, p. 60-76, ago. 2012.

PARANÁ. Secretaria do Meio Ambiente e Recursos Hídricos. Mineropar. **Geologia na escola**: mostruário. Disponível em: <http://www.mineropar.pr.gov.br/modules/conteudo/conteudo.php?conteudo=99>. Acesso em: 7 ago. 2016a.

____. **Glossário de termos geológicos**. Disponível em: <http://www.mineropar.pr.gov.br/modules/glossario/conteudo.php?conteudo=A>. Acesso em: 7 ago. 2016b.

PEDRON, F. de A. et al. Levantamento e classificação de solos em áreas urbanas: importância, limitações e aplicações. **Revista Brasileira de Agrociência**, Pelotas, v. 13, n. 2, p. 147-151, abr./jun. 2007.

PEDRON, F. de A. et al. Solos urbanos. **Ciência Rural**, Santa Maria, v. 34, n. 5, p. 1647-1653, set./out. 2004. Disponível em: <http://www.scielo.br/pdf/cr/v34n5/a53v34n5.pdf>. Acesso em: 18 jul. 2016.

PENA, R. A. **Formas de degradação do solo**. Disponível em <http://brasilescola.uol.com.br/geografia/formas-degradacao-solo.htm>. Acesso em: 18 set. 2016.

PENCK, W. **Die Morphologische Analyse**: ein Kapitel der physikalischen Geologie. Stuttgart: J. Engelhorn's Nachf, 1924.

____. **Morphological Analysis of Landforms**. Londres: MacMillan, 1953.

PIVETTA, M. A origem da montanha. **Pesquisa Fapesp**, jul. 2012. Disponível em: <https://issuu.com/pesquisafapesp/docs/_pesquisa_197>. Acesso em: 8 ago. 2016

PORTO, C. G. Intemperismo em regiões tropicais. In: GUERRA, A. J. T.; CUNHA, S. B. da (Org.). **Geomorfologia e meio ambiente**. 3. ed. Rio de Janeiro: Bertrand Brasil, 2000. p. 25-57.

RODRIGUES, B. N. **Estudo de erosão hídrica**. Campo Grande, MS, 2009. 63 f. Trabalho de conclusão de curso (Engenharia Ambiental) – Curso de Engenharia Ambiental, Centro de Ciências Exatas e Tecnologia,

Universidade Federal do Mato Grosso do Sul, 2009.

ROLNIK, R. (Coord.). **Estatuto da cidade**: guia para implementação pelos municípios e cidadãos. Brasília: Instituto Pólis, 2005.

ROSSATO, R. Cidades brasileiras: a urbanização patológica. **Ciência & Ambiente**, Santa Maria, v. 7, n. 1, p. 23-32, 1993.

SANTOS, T. C. C.; DRUMMOND CÂMARA, J. B. **Geo Brasil 2002**: perspectivas do meio ambiente no Brasil. Brasília: Edições Ibama, 2002. Disponível em: <http://www.ibama.gov.br/sophia/cnia/site_cnia/geo_brasil_2002.pdf>. Acesso em: 18 jul. 2016.

SÉGUY, L.; BOUZINAC, S. **La symphonie inachevée du semis direct dans le Brésil central**: le système dominant dit de "semi-direct" – limites et dégâts, eco-solutions et perspectives – la nature au service de l'agriculture durable. [A sinfonia inacabada do plantio direto no Brasil central: o sistema dominante, chamado de 'semidireto' – limites e danos, ecossoluções e perspectivas – a natureza a serviço da agricultura sustentável]. Montpellier: CIRAD, 2008. 1 CD-Rom.

SILVA, F. C. da. **Manual de análises químicas de solos, plantas e fertilizantes**. 2. ed., rev. e ampl. Brasília, DF: Embrapa Informação Tecnológica, 1999. Disponível em: <http://livraria.sct.embrapa.br/liv_resumos/pdf/00083136.pdf>. Acesso em: 19 abr. 2017.

SILVA, R. S. da; MAGALHÃES, H. Ecotécnicas urbanas. **Ciência & Ambiente**, Santa Maria, v. 4, n. 7, p. 33-42, 1993.

SILVA, R. W. da C.; PAULA, B. L. de. Causa do aquecimento global: antropogênica *versus* natural. **Terræ didatica**, Campinas, SP, v. 5, n. 1, p. 42-49. 2009. Disponível em: <https://www.ige.unicamp.br/terraedidatica/v5/pdf-v5/TD_V-a4.pdf>. Acesso em: 26 set. 2016.

SOUZA, R. **Propriedades físicas do solo afetadas pela mecanização agrícola**. Notas de aula. 3 jul.

2014. Disponível em: <https://pt.slideshare.net/RomuloVinicius TioRominho/06-propriedades-fisicas-ligadas-a-mecanizao. Acesso em: 17 maio. 2017.

SUGUIO, K. **Dicionário de geologia sedimentar e áreas afins**. Rio de Janeiro: Bertrand Brasil, 1998.

____. **Dicionário de geologia sedimentar e áreas afins**. 2. ed. Rio de Janeiro: Bertrand Brasil, 2002.

____. **Mudanças ambientais da Terra**. São Paulo: Instituto Geológico, 2008.

TEIXEIRA, W. et al. **Decifrando a Terra**. São Paulo: Oficina de Textos, 2000.

THORP, J.; SMITH, G. D. Higher Categories for Soil Classification. **Soil Science**, Baltimore, v. 67, n. 2, p. 117-126, Feb. 1949.

TOLEDO, M. C. M. de et al. Intemperismo e formação do solo. In: TEIXEIRA, W. et al. **Decifrando a Terra**. São Paulo: Oficina de Textos, 2000. p. 139-166.

TOLEDO, M. C. M. de. Intemperismo e pedogênese. In: **Geologia**: ambiente na Terra – Projeto Licenciatura em Ciências. São Paulo: USP; Univesp, 2011. Disponível em: <http://midia.atp.usp.br/plc/plc0011/impressos/plc0011_top07.pdf>. Acesso em: 5 ago. 2016.

TORRENT, J.; BARRÓN, V. Laboratory Measurement of Soil Color: Theory and Practice. In: BIGHAM, J. M.; CIOLKOSZ, E. J. (Ed.). **Soil color**. Madison, Soil Science Society of America, 1993. p. 21-33. (Special Publication, 31). Disponível em: < http://www.uco.es/organiza/departamentos/decraf/pdf-edaf/Soil%20Colour 1993.pdf>. Acesso em: 19 abr. 2017.

UGB – União da Geomorfologia Brasileira. **Textos clássicos em geomorfologia**. Disponível em: <http://www.ugb.org.br/final/normal/main_template.php?pg=16>. Acesso em: 5 ago. 2016.

VIANA, J. H. M. **Determinação da densidade de solos e de horizontes cascalhentos**: comunicado técnico 154. Sete Lagoas,

MG: Embrapa/Ministério da Agricultura, Pecuária e Abastecimento. 19 jan. 2009. Disponível em: <http://www.cnpms.embrapa.br/publicacoes/publica/2008/comunicado/Com_154.pdf>. Acesso em: 12 abr. 2017.

VIEIRA, M. H. P. Mesorganismos. **Ageitec** – Agência Embrapa de Informação Tecnológica. Árvore do conhecimento. Sistema plantio direto. Disponível em: <http://www.agencia.cnptia.embrapa.br/gestor/sistema_plantio_direto/arvore/CONT000fwuzxobq02wyiv807fiqu95qsd16v.html>. Acesso em: 17 maio 2017.

VITTE, A. C.; GUERRA, A. J. T. **Reflexões sobre a geografia física no Brasil**. 2. ed. Rio de Janeiro: Bertrand Brasil, 2007.

WADT, P. G. S. **Práticas de conservação do solo e recuperação de áreas degradadas**. Rio Branco, AC: Embrapa Acre, 2003. (Documentos, 90). <https://www.infoteca.cnptia.embrapa.br/bitstream/doc/498802/1/doc90.pdf>. Acesso em: 18 abr. 2017.

Bibliografia comentada

IBGE – Instituto Brasileiro de Geografia e Estatística. **Manual técnico de pedologia**. 2. ed. Rio de Janeiro, 2007. (Manuais Técnicos em Geociências, n. 4). Disponível em: <http://biblioteca.ibge.gov.br/visualizacao/livros/liv37318.pdf>. Acesso em: 5 ago. 2016.

Elaborado pela Diretoria de Geociências do IBGE, o *Manual técnico de pedologia* tem como objetivo atender a setores da sociedade que necessitam de informação técnica e científica sobre os solos brasileiros. Essa edição oferece uma versão atualizada do manual, que foi lançado em 1995, e apresenta todas as modificações e evoluções ocorridas no Brasil na área de gênese e classificação de solos, com destaque para as modificações no atual Sistema Brasileiro de Classificação de Solos (SiBCS). Traz pesquisas atualizadas do Centro Nacional de Pesquisa de Solos (CNPS) da Embrapa e de outros pesquisadores não pertencentes ao quadro de funcionários do IBGE. O documento está organizado de forma prática, por apêndices, com descrição em linguagem simples dos métodos de laboratório empregados para levantamentos de solos no Brasil adotados pela Embrapa Solos. Entre os assuntos abordados, estão os principais tipos de materiais básicos empregados para levantamentos de solos; as novas unidades de solos e várias recomendações úteis para execução dessa atividade.

GUERRA, A. J. T.; MARÇAL, M. dos S. (Org.). **Geomorfologia ambiental**. Rio de Janeiro: Bertrand Brasil, 2006.

Trata-se da primeira obra no Brasil a comentar a temática, dando ao leitor uma noção de como a geomorfologia, ao lado de outros campos do conhecimento, pode fornecer subsídios àqueles que procuram entender a dinâmica do meio físico das cidades. Com base na leitura da obra, fica claro o entendimento de que é fundamental ocupar de forma racional o meio urbano sem causar danos ao meio ambiente, às construções e aos habitantes das cidades. É leitura indispensável para os profissionais das áreas de gestão ambiental, geologia, geografia, urbanistas, biólogos e outros.

GUERRA, A. J. T.; JORGE, M. do C. O. (Org.). **Degradação dos solos no Brasil**. Rio de Janeiro: Bertrand Brasil, 2014.

A obra apresenta, já em seu primeiro capítulo e de forma abrangente, a degradação dos solos, os diferentes tipos de degradação e os fatores causadores. Os demais capítulos apresentam a degradação dos solos no cerrado, no Rio Grande do Sul, no litoral norte paulista, no semiárido, na Amazônia, no noroeste do Paraná e no Rio de Janeiro. Portanto, é uma obra atualizada e que procura mostrar como tem se dado a degradação dos solos no Brasil não só ao longo do tempo, mas na atualidade, considerando-se as variáveis do meio físico e os muitos tipos de manejo dos espaços rural e urbano.

CHRISTOFOLETTI, A. **Geomorfologia**. São Paulo: Edgard Blücher; Ed. da Universidade de São Paulo, 1974.

Essa obra, da década de 1970, é uma das importantes contribuições do professor Antonio Christofoletti ao ensino da geomorfologia no Brasil. Diante da escassez de produção bibliográfica sobre o tema na época, o autor busca estimular os estudantes das ciências naturais e humanas a estudarem as formas de relevo. Para o autor, a geomorfologia tem função relevante no contexto das geociências, pois compreende o embasamento rochoso, estudando os processos morfogenéticos que modelam a topografia terrestre, em cujo campo também interferem as forças geodinâmicas da Terra. Christofoletti deixa transparecer sua tendência à abordagem sistêmica na compreensão e explicação dos processos e das formas das vertentes, das características das bacias hidrográficas e das redes fluviais, da morfologia litorânea e da morfologia cárstica. Nessa linha de contribuição, o autor apresenta um panorama sobre as diversas teorias geomorfológicas que serviram e servem de base para pesquisadores e educadores que aplicam a geomorfologia nos seus trabalhos.

CASSETI, V. **Geomorfologia**. 2005. Disponível em: <http://www.funape.org.br/geomorfologia/>. Acesso em: 31 jul. 2016.

O professor Valter Casseti trata dos conteúdos dos seus livros *Elementos de geomorfologia*, publicado pelo Centro Gráfico da UFG (1990, 1994 e 2001), e *Ambiente e apropriação do relevo*, publicado pela Editora Contexto (1991 e 1995), com revisão, alteração e incorporação de conhecimentos. O conteúdo do livro foi elaborado considerando os níveis de abordagem sistematizados pelo professor Aziz Nacib Ab´Saber – compartimentação topográfica, estrutura superficial e fisiologia da paisagem –, que são a base para a organização pedagógica da obra. Nessa abordagem, foram incorporados conteúdos novos, como geomorfologia cartográfica, geomorfologia e estudo da paisagem e pesquisa em geomorfologia.

TEIXEIRA, W. et al. **Decifrando a Terra**. São Paulo: Oficina de Textos, 2000.

Esta obra atualiza o conhecimento científico e tecnológico e estrutura dos conteúdos para o ensino das ciências geológicas em diversos cursos universitários: geologia, geofísica, geografia, biologia, química, oceanografia, física e engenharia. A obra está estruturada em vinte e quatro unidades temáticas, que valorizam a sequência lógica dos assuntos e a análise em escala global, continental, regional e local, com exemplos, auxiliando no entendimento de cada um dos capítulos apresentados. Os autores apresentam aos leitores uma reflexão responsável sobre o papel do ser humano como agente transformador da superfície terrestre e suas relações com o desenvolvimento da sociedade, buscando mostrar a importância dos recursos minerais e, ao mesmo tempo, apresentando a necessidade de pensar e agir para um ambiente sustentável.

LEPSCH, I. F. **Formação e conservação dos solos**. São Paulo: Oficina de Textos, 2002.

A obra apresenta avanços consideráveis no que tange à temática *solo*, com o objetivo de transmitir ao leitor uma abrangência ampla e crítica com uma linguagem simples, precisa e atual, apresentando dados para profissionais que lidam diretamente com aspectos relacionados ao uso da terra, tais como agrônomos, geólogos, geomorfólogos, geógrafos, biólogos, engenheiros de obras e outros profissionais ligados ao meio ambiente.

Os temas abordados são o solo e sua história e processos de formação, os principais horizontes e componentes, os fatores de formação do solo, a classificação dos solos no mundo e no Brasil. Para finalizar, o autor apresenta a erosão do solo e as principais técnicas de conservação na agricultura moderna. De forma responsável, apresenta aos profissionais ligados ao solo o rigor científico e a necessidade de conhecer e preservar a natureza.

Respostas

Capítulo I

Questões para revisão

1. b
2. e
3. c
4. d
5. Compartimentação morfológica – relativa aos níveis topográficos e às características do relevo que separam ou individualizam determinados domínios morfológicos.
   Levantamento da estrutura superficial – tem relação com os depósitos correlativos ao longo das vertentes ou em diferentes compartimentos em longos períodos de tempo, são compartimentos associados às oscilações climáticas do passado.
   Estudo da fisiologia da paisagem – diz respeito aos processos morfodinâmicos atuais, considerando o ser humano como sujeito modificador da paisagem. Analisa os diferentes domínios morfoclimáticos do globo, bem como as transformações produzidas na paisagem pela intervenção antrópica.

Questão para reflexão

1. Resposta pessoal.

Capítulo 2

Questões para revisão

1. a

2. d

3. a

4. e

5. A definição de solo depende essencialmente do enfoque dado, ou seja, do olhar que se tem da sua utilização, do estudo a ser realizado. Na pedologia, é considerado uma coleção de corpos naturais – constituídos por partes sólidas, líquidas e gasosas – tridimensionais, dinâmicos, formados por materiais minerais e orgânicos que ocupam a maior porção do manto superficial das extensões continentais do planeta. Contém matéria viva e pode ser vegetado na natureza onde ocorre e, eventualmente, ser modificado por interferências antrópicas. É produto do intemperismo sobre um material de origem, cuja transformação se desenvolve em determinado relevo, clima, bioma e ao longo de um tempo. Demais definições, com outros sentidos, podem ser observadas no Sistema Brasileiro de Classificação de Solos (Embrapa, 2016)[i]. O solo serve para dar sustentação às plantas, age como armazenador de água e é um filtro natural de poluentes, além de ser um meio de vida para o homem. Nele, são produzidos alimentos, acontece a construção de casas, estradas e demais necessidade humanas.

6. A erosão do solo é um processo natural, que pode ser intensificado por fatores naturais, tais como maior grau de declividade

---

[i]. As referências citadas nas respotas estão na seção "Referências".

do terreno, maior índice pluviométrico ou baixa densidade vegetal, entre outros. Já os fatores decorrentes da ação humana que contribuem para esses processos são a retirada da cobertura vegetal original ou sua substituição por culturas ou pastagens.

Questão para reflexão

A cor é uma característica morfológica determinada em torrões de cada horizonte do solo, segundo a caderneta de cores (Munsell, 2009).

A observação da cor do solo é baseada em três elementos básicos, que regem o sistema de cores de Munsell:

1. **Matriz** – a cor pura, descrita entre vermelho (R, do inglês *red*), amarelo (Y, do inglês *yellow*) etc.;
2. **Valor** – é o tom de cinza presente na cor ("claridade" da cor), variando entre branco (valor 10) ou preto (valor 0);
3. **Croma** – proporção da mistura da cor fundamental com a tonalidade de cinza. Variando também de 0 a 10.

A cor pode indicar algumas características do solo de forma imediata, como conteúdo de matéria orgânica, presença de óxidos de ferro, minerais que compõem a argila, processo de gleização, decorrente do regime hídrico (drenagem) e outras. Além disso, a cor contribui para a separação dos horizontes e, em alguns casos, para a classificação taxonômica.

Capítulo 3

Questões para revisão

1. b
2. a

3. c

4. Resposta pessoal fudamentada nos boxes sobre argissolos, cambissolos, gleissolos, latossolos e organossolos, disponíveis na Seção 3.3.1, "Bases e critérios".

5. d.

Questão para reflexão

1. Resposta pessoal.

Capítulo 4

Questões para revisão

1. c

2. a

3. a

4. e

5. e

6. O planejamento conservacionista do solo consiste em planejar todas as atividades agrossilvopastoris, de acordo com a vocação ou aptidão agrícola da área em foco. Cada solo apresenta características químicas, físicas, morfológicas e biológicas que, relacionadas com o relevo, lhe dão capacidade de produção.

Questão para reflexão

1. Resposta pessoal.

2. Resposta pessoal.

Anexos

Argissolos (Argissolo bruno-acinzentado alítico latossólico)

Conceito

Compreendem solos constituídos por material mineral, que têm como características diferenciais a presença de horizonte B textural de argila de atividade baixa ou alta conjugada com saturação por bases baixa ou caráter alítico. O horizonte B textural (Bt) encontra-se imediatamente abaixo de qualquer tipo de horizonte superficial, exceto o hístico, sem apresentar, contudo, os requisitos estabelecidos para ser enquadrado nas classes dos luvissolos, planossolos, plintossolos ou gleissolos.

Fonte: Agência Embrapa de Informação Tecnológica (Ageitec)

Definição

Solos constituídos por material mineral com argila de atividade baixa ou alta conjugada com saturação por bases baixa ou caráter alítico e horizonte B textural imediatamente abaixo de horizonte A ou E e apresentando ainda os seguintes requisitos:

a. horizonte plíntico, se presente, não está acima nem é coincidente com a parte superficial do horizonte B textural;
b. horizonte glei, se presente, não está acima nem é coincidente com a parte superficial do horizonte B textural.

---

i. Este material foi adaptado de Embrapa (2013, p. 76-96).

Abrangência

Nesta classe, estão incluídos os solos que foram classificados anteriormente como podzólico vermelho-amarelo com argila de atividade baixa ou alta, pequena parte de terra roxa estruturada, de terra roxa estruturada similar, de terra bruna estruturada e de terra bruna estruturada similar, na maioria com gradiente textural necessário para B textural, em qualquer caso eutrófico, distrófico ou álico, podzólico bruno-acinzentado, podzólico vermelho-escuro, podzólico amarelo, podzólico acinzentado e mais recentemente solos que foram classificados como alissolos com B textural.

Cambissolos

Conceito

Compreendem solos constituídos por material mineral, com horizonte B incipiente subjacente a qualquer tipo de horizonte superficial, desde que em qualquer dos casos não satisfaçam aos requisitos estabelecidos para serem enquadrados nas classes vertissolos, chernossolos, plintossolos e organossolos. Têm sequência de horizontes A ou hístico, Bi, C, com ou sem R.

Fonte: Agência Embrapa de Informação Tecnológica (Ageitec)

Definição

Solos constituídos por material mineral que apresentam horizonte A ou hístico com espessura insuficiente para definir a classe dos organossolos, seguido de horizonte B incipiente e satisfazendo aos seguintes requisitos:

a. B incipiente não coincidente com horizonte glei dentro de 50 cm a partir da superfície;

b. B incipiente não coincidente com horizonte plíntico;
c. B incipiente não coincidente com horizonte vértico dentro de 100 cm a partir da superfície; e
d. Ausência da conjugação de horizonte A chernozêmico e horizonte B incipiente com alta saturação por bases e argila de atividade alta.

Abrangência
Esta classe compreende os solos anteriormente classificados como cambissolos, inclusive os desenvolvidos em sedimentos aluviais. São excluídos dessa classe os solos com horizonte A chernozêmico e horizonte B incipiente com alta saturação por bases e argila de atividade alta.

Chernossolos (Chernossolo argilúvico órtico típico)
Conceito
Compreendem solos constituídos por material mineral que têm como características diferenciais: alta saturação por bases e horizonte A chernozêmico sobrejacente a horizonte B textural ou B incipiente com argila de atividade alta ou sobrejacente a horizonte C carbonático, horizonte cálcico ou petrocálcico ou ainda sobrejacente à rocha, quando o horizonte A apresentar alta concentração de carbonato de cálcio.

Ademir Fontana/Embrapa

Fonte: Agência Embrapa de Informação Tecnológica (Ageitec)

Definição
Solos constituídos por material mineral e que apresentam alta saturação por bases e horizonte A chernozêmico seguido por:

a. horizonte B incipiente ou B textural com argila de atividade alta; ou
b. horizonte cálcico, petrocálcico ou caráter carbonático, coincidindo com horizonte A chernozêmico e/ou com horizonte C, admitindo-se, entre os dois, horizonte B incipiente com espessura < 10 cm; ou
c. contato lítico, desde que o horizonte A contenha 150 g kg-1 de solo ou mais de $CaCO_3$ equivalente.

Abrangência

Está incluída nesta classe a maioria dos solos que eram classificados como brunizém, rendzina, brunizém avermelhado, brunizém hidromórfico e cambissolos eutróficos com argila de atividade alta conjugada com achernozêmico.

Espodossolos (Espodossolo humilúvico hidromórfico)

Conceito

Compreendem solos constituídos por material mineral com horizonte B espódico subjacente a horizonte eluvial E (álbico ou não), a horizonte A, que pode ser de qualquer tipo, ou ainda a horizonte hístico com espessura insuficiente para definir a classe dos organossolos. Esses solos apresentam, usualmente, sequência de horizontes A, E, B espódico, C, com nítida diferenciação de horizontes.

Fonte: Agência Embrapa de Informação Tecnológica (Ageitec)

Definição
Solos constituídos por material mineral, apresentando horizonte B espódico imediatamente abaixo de horizonte E, A ou horizonte hístico dentro de 200 cm a partir da superfície ou de 400 cm, se a soma dos horizontes A e E ou dos horizontes hístico e E ultrapassar 200 cm de profundidade.

Abrangência
Nesta classe, estão incluídos todos os solos que foram classificados anteriormente como podzol e podzol hidromórfico.

Gleissolos (Gleissolo tiomófico húmico solódico)
Conceito
Compreendem solos minerais, hidromórficos, que apresentam horizonte glei dentro de 50 cm a partir da superfície ou a profundidades entre 50 cm e 150 cm desde que imediatamente abaixo de horizontes A ou E (com ou sem gleização) ou de horizonte hístico com espessura insuficiente para definir a classe dos organossolos. Não apresentam textura exclusivamente arenosa em todos os horizontes dentro dos primeiros 150 cm da superfície do solo ou até um contato lítico, tampouco horizonte vértico ou horizonte B plânico acima ou coincidente com horizonte glei ou qualquer outro tipo de horizonte B diagnóstico acima do horizonte glei. Horizonte plíntico, se presente, deve estar à profundidade superior a 200 cm da superfície do solo.

Fonte: Agência Embrapa de Informação Tecnológica (Ageitec)

Definição

Solos constituídos por material mineral, com horizonte glei dentro de 50 cm a partir da sua superfície ou a profundidades entre 50 cm e 150 cm desde que imediatamente abaixo de horizontes A ou E ou de horizonte H (hístico) com espessura insuficiente para definir a classe dos organossolos, satisfazendo ainda aos seguintes requisitos:

a. ausência de qualquer tipo de horizonte B diagnóstico acima do horizonte glei;
b. ausência de horizonte vértico, plíntico ou B textural com mudança textural abrupta, coincidente com o horizonte glei;
c. ausência de horizonte plíntico dentro de 200 cm a partir da superfície.

Abrangência

Esta classe abrange os solos que foram classificados anteriormente como glei pouco húmico, glei húmico, parte do hidromórfico cinzento (sem mudança textural abrupta), glei tiomórfico e solonchak com horizonte glei.

Latossolos (Latossolo amarelo distrófico)

Conceito

Compreendem solos constituídos por material mineral, com horizonte B latossólico imediatamente abaixo de qualquer um dos tipos de horizonte diagnóstico superficial, exceto hístico.

Definição

Solos constituídos por material mineral apresentando horizonte B latossólico imediatamente abaixo de qualquer tipo de horizonte A dentro de 200 cm a partir da superfície ou dentro de 300 cm, se o horizonte A apresenta mais que 150 cm de espessura.

Fonte: Agência Embrapa de Informação Tecnológica (Ageitec)

Abrangência

Nesta classe, estão incluídos todos os antigos latossolos, excetuadas algumas modalidades anteriormente identificadas como latossolos plínticos.

Luvissolos (Luvissolo crômico órtico solódico)

Conceito

Compreendem solos minerais, não hidromórficos, com horizonte B textural com argila de atividade alta e saturação por bases alta, imediatamente abaixo de horizonte A ou horizonte E.

Definição

Solos constituídos por material mineral, apresentando horizonte B textural, com argila de atividade alta e saturação por bases alta na maior parte dos primeiros 100 cm do horizonte B (inclusive BA) e imediatamente abaixo de qualquer tipo de horizonte A, exceto A chernozêmico, ou sob horizonte E, e satisfazendo aos seguintes requisitos:

Fonte: Agência Embrapa de Informação Tecnológica (Ageitec)

a. horizontes plíntico, vértico ou plânico, se presentes, não estão acima ou não são coincidentes com a parte superficial do horizonte B textural;
b. horizonte glei, se ocorrer, deve estar abaixo do horizonte B textural e inicia após 50 cm de profundidade, não coincidindo com a parte superficial deste horizonte.

Abrangência

Nessa classe, estão incluídos os solos que foram classificados pela Embrapa Solos como brunos não cálcicos, podzólicos vermelho-amarelos eutróficos com argila de atividade alta e podzólicos bruno-acinzentados eutróficos e alguns podzólicos vermelho-escuros eutróficos com argila de atividade alta.

Neossolos (Neossolo regolítico eutrófico)

Conceito

Compreendem solos constituídos por material mineral ou por material orgânico pouco espesso que não apresenta alterações expressivas em relação ao material originário devido à baixa intensidade de atuação dos processos pedogenéticos, seja em razão de características inerentes ao próprio material de origem (como maior resistência ao intemperismo ou composição químico-mineralógica), seja em razão da influência dos demais fatores de formação (clima, relevo ou tempo), que podem impedir ou limitar a evolução dos solos.

Fonte: Agência Embrapa de Informação Tecnológica (Ageitec)

Definição

Solos constituídos por material mineral ou por material orgânico com menos de 20 cm de espessura, não apresentando qualquer tipo de horizonte B diagnóstico e satisfazendo aos seguintes requisitos:

a. ausência de horizonte glei imediatamente abaixo do A dentro de 150 cm a partir da superfície, exceto no caso de solos de textura areia ou areia franca virtualmente sem materiais primários intemperizáveis;

b. ausência de horizonte vértico imediatamente abaixo de horizonte A;

c. ausência de horizonte plíntico dentro de 40 cm ou dentro de 150 cm a partir da superfície se imediatamente abaixo de horizontes A ou E ou se precedido de horizontes de coloração pálida, variegada ou com mosqueados em quantidade abundante;

d. ausência de horizonte A chernozêmico com caráter carbonático ou conjugado com horizonte C cálcico ou com caráter carbonático.

Abrangência

Nessa classe, estão incluídos os solos que foram reconhecidos anteriormente como litossolos e solos litólicos, regossolos, solos aluviais e areias quartzosas (distróficas, marinhas e hidromórficas). Inclui também solos com horizonte A húmico ou A proeminente, com espessura maior que 50 cm, seguido por contato lítico ou com sequência de horizontes A, C ou ACr.

Nitossolos (Nitossolo vermelho)

Conceito

Compreendem solos constituídos por material mineral, com horizonte B nítico, textura argilosa ou muito argilosa (teores de argila iguais ou maiores que 350 g kg-1 de TFSA) desde a superfície do solo, estrutura em blocos subangulares ou angulares ou prismática, de grau moderado ou forte, com cerosidade expressiva e/ou superfícies de compressão nas faces dos agregados e/ou caráter retrátil.

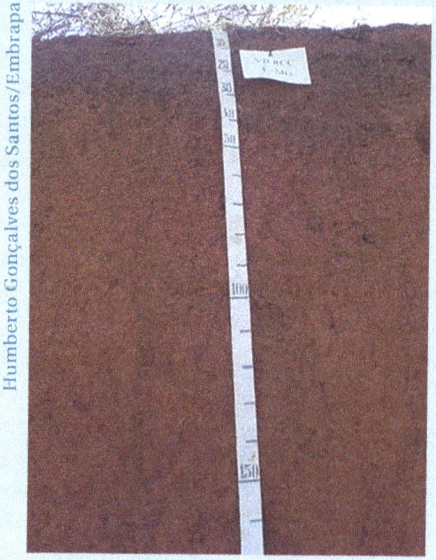

Fonte: Agência Embrapa de Informação Tecnológica (Ageitec)

Definição

Solos constituídos por material mineral, que apresentam horizonte B nítico abaixo do horizonte A, com argila de atividade baixa ou caráter alítico na maior parte do horizonte B dentro de 150 cm a partir da superfície. Apresentam textura argilosa ou muito argilosa (teores de argila iguais ou maiores que 350 g kg-1 de TFSA desde a superfície do solo) e relação textural igual ou menor que 1,5.

Abrangência

Nessa classe, enquadram-se solos que eram classificados, na maioria, como terra roxa estruturada, terra roxa estruturada similar, terra bruna estruturada, terra bruna estruturada similar e alguns podzólicos vermelho-escuros e podzólicos vermelho-amarelos.

Organossolos (Organossolo háplico sáplico térrico)

Conceito

Compreendem solos pouco evoluídos, com preponderância de características devidas ao material orgânico, de coloração preta, cinzenta muito escura ou brunada, resultantes de acumulação de resíduos vegetais, em graus variáveis de decomposição, em condições de drenagem restrita (ambientes de mala muito mal drenados) ou em ambientes úmidos e frios de altitudes elevadas, saturados com água por apenas poucos dias durante o período chuvoso.

Ademir Fontana/Embrapa

Fonte: Agência Embrapa de Informação Tecnológica (Ageitec)

Definição

Solos com preponderância de material orgânico em mistura com maior ou menor proporção de material mineral e que satisfazem a um dos seguintes requisitos:

a. 60 cm ou mais de espessura se 75% (expresso em volume) ou mais do material orgânico consiste de tecido vegetal na forma de restos de ramos finos, fragmentos de troncos, raízes finas, cascas de árvores, excluindo as partes vivas; ou
b. Solos que estão saturados com água no máximo por 30 dias consecutivos por ano, durante o período mais chuvoso, com horizonte O hístico, apresentando as seguintes espessuras:
    » 20 cm ou mais, quando sobrejacente a um contato lítico ou a material fragmentário constituído por 90% ou mais (em volume) de fragmentos de rocha (cascalhos, calhaus e matacões); ou
    » 40 cm ou mais quando sobrejacente a horizontes A, B ou C; ou
c. Solos saturados com água durante a maior parte do ano, na maioria dos anos, a menos que artificialmente drenados, apresentando horizonte H hístico com espessura de 40 cm ou mais quer se estendendo em seção única a partir da superfície, quer tomado, cumulativamente, dentro dos 80 cm a partir da superfície.

Abrangência

Nessa classe, estão incluídos os solos orgânicos, semiorgânicos, solos tiomórficos de constituição orgânica ou semiorgânica e parte dos solos litólicos com horizonte O hístico com 20 cm ou mais de espessura.

Planossolos (Planossolo nátrico – SN)

Conceito

Compreendem solos minerais imperfeitamente ou mal drenados, com horizonte superficial ou subsuperficial eluvial, de textura mais leve, que contrasta abruptamente com o horizonte B imediatamente subjacente, adensado, geralmente de acentuada concentração de argila, permeabilidade lenta ou muito lenta, constituindo, por vezes, um horizonte pã, responsável pela formação de lençol d'água sobreposto (suspenso), de existência periódica e presença variável durante o ano.

Fonte: Agência Embrapa de Informação Tecnológica (Ageitec)

Manoel Batista de Oliveira Neto/Embrapa

Definição

Solos constituídos por material mineral com horizonte A ou E seguido de horizonte B plânico. Horizonte plânico sem caráter sódico perde em precedência taxonômica para o horizonte plíntico.

Abrangência

Essa classe inclui os solos que foram classificados como planossolos, solonetz-solodizado e parte dos hidromórficos cinzentos.

Plintossolos (Plintossolo argilúvico distrófico abrúptico)

Conceito

Compreendem solos minerais formados sob condições de restrição à percolação da água sujeitos ao efeito temporário de excesso de umidade, de maneira geral imperfeitamente ou mal drenados, e se caracterizam fundamentalmente por apresentar expressiva plintitização com ou sem petroplintitana condição de que não satisfaçam aos requisitos estipulados para as classes dos neossolos, cambissolos, luvissolos, argissolos, latossolos, planossolos ou gleissolos.

Fonte: Agência Embrapa de Informação Tecnológica (Ageitec)

Definição

Solos constituídos por material mineral, apresentando horizonte plíntico, litoplíntico ou concrecionário, em uma das seguintes condições:

a. iniciando dentro de 40 cm a partir da superfície; ou
b. iniciando dentro de 200 cm a partir da superfície quando precedidos de horizonte glei ou situados imediatamente abaixo do horizonte A ou E ou de outro horizonte que apresente cores pálidas, variegadas ou com mosqueados em quantidade abundante.

Abrangência

Estão incluídos nessa classe solos que eram reconhecidos anteriormente como lateritas hidromórficas de modo geral, parte dos podzólicos plínticos, parte dos gleis húmicos e gleis pouco húmicos e alguns dos latossolos plínticos. Estão incluídos também outros solos classificados em trabalhos diversos como concrecionários indiscriminados, concrecionários lateríticos, solos concrecionários e petroplintossolos.

Vertissolos (Vertissolo háplico carbonático chernossólico)

Conceito

Compreendem solos constituídos por material mineral apresentando horizonte vértico e pequena variação textural ao longo do perfil, nunca suficiente para caracterizar um horizonte B textural. Apresentam pronunciadas mudanças de volume com o aumento do teor de água no solo, fendas profundas na época seca e evidências de movimentação da massa do solo sob a forma de superfícies de fricção (*slickensides*). Podem apresentar microrrelevo tipo gilgai e estruturas do tipo cuneiforme inclinadas e formando ângulo com a superfície horizontal.

Fonte: Agência Embrapa de Informação Tecnológica (Ageitec)

Sebastião Calderano/Embrapa

Essas características resultam da grande movimentação da massa do solo que se contrai e fendilha quando seca e se expande quando úmida. São de consistência muito plástica e muito pegajosa devido à presença comum de argilas expansíveis ou mistura destas com outros argilominerais.

Definição

Solos constituídos por material mineral com horizonte vértico dentro de 100 cm a partir da superfície, relação textural insuficiente para caracterizar um B textural e apresentando, além disso, os seguintes requisitos:

a. teor de argila, após mistura e homogeneização do material de solo, nos 20 cm superficiais, de no mínimo 300 g kg^{-1} de solo;
b. fendas verticais no período seco, com pelo menos 1 cm de largura, atingindo, no mínimo, 50 cm de profundidade, exceto no caso de solos rasos, onde o limite mínimo é de 30 cm de profundidade;
c. ausência de material com contato lítico, horizonte petrocálcico ou duripã dentro dos primeiros 30 cm de profundidade;
d. em áreas irrigadas ou mal drenadas (sem fendas aparentes), o coeficiente de expansão linear deve ser igual ou superior a 0,06 ou a expansibilidade linear deve ser de 6 cm ou mais;
e. ausência de qualquer tipo de horizonte B diagnóstico acima do horizonte vértico.

Abrangência

Nessa classe, estão incluídos todos os vertissolos, inclusive os hidromórficos.

Sobre os autores

Paulo César Medeiros é geógrafo, mestre e doutor em geografia pela Universidade Federal do Paraná (UFPR). Atua como professor da rede federal de educação básica, técnica e tecnológica no Estado do Paraná. É coordenador técnico-científico do Centro de Estudos, Defesa e Educação Ambiental (Cedea). É autor de livros didáticos para ensino fundamental, médio, técnico e superior. Pela Editora InterSaberes, publicou a obra *Geomorfologia: fundamentos e métodos para o estudo do relevo*.

Renata Adriana Garbossa é licenciada em geografia (Bacharelado e Licenciatura) pela Universidade Estadual do Oeste do Paraná (Unioeste), mestre em geologia ambiental e doutoranda pelo Programa de Pós-Graduação em Geografia da UFPR, na linha de pesquisa "Produção do Espaço e da Cultura". Atuou como professora das redes pública e privada, no ensino fundamental e médio. Trabalhou em órgãos públicos municipais e estaduais (Secretaria de Planejamento) na elaboração de projetos. Contribuiu também para a capacitação de professores da rede municipal de ensino de Curitiba. Desde 2003, é professora do ensino superior (presencial e EaD) de graduação e pós-graduação em instituições privadas do município de Curitiba. Pela Editora InterSaberes, publicou a obra *O processo de produção do espaço urbano: impactos e desafios de uma nova urbanização*. Atualmente, coordena o curso de licenciatura em Geografia no Centro Universitário Uninter.

Os papéis utilizados neste livro, certificados por instituições ambientais competentes, são recicláveis, provenientes de fontes renováveis e, portanto, um meio sustentável e natural de informação e conhecimento.

FSC
www.fsc.org
MISTO
Papel produzido
a partir de
fontes responsáveis
FSC® C057341

Impressão: Log&Print Gráfica e Logística S.A.
Dezembro/2021